职业教育数字媒体技术人才培养系列教材

三维数字模型制作与渲染
（微课版）

主　编　宋再红　杨成斌　谭钧秋　陈德丽

副主编　王　华　穆振栋　杜德银　杨海宁

参　编　唐　磊　胡　艳　李纪雄

U0379064

西安电子科技大学出版社

内 容 简 介

本书基于工作过程的编写理念，以典型工作任务为载体组织内容，主要包括三维数字模型制作基础知识、道具模型制作案例、场景模型制作案例和人物角色模型制作案例四个模块，每个模块又分为若干个任务。模块一以课前预习引入知识点，以课中实践案例的任务分解与实践实现知识到能力的转化，以课后拓展总结知识要点并通过拓展案例提升读者的知识应用技能。模块二至模块四均按照各自的任务过程分解出不同的子任务，并在每个模块的开始部分以思维导图的方式列出本模块的工作任务分解详情，以便读者快速找到想要了解的内容。

本书对接了"1＋X"三维数字建模中/高级证书标准，融入了思政教育内容，配合超星学习平台建立了"三维建模"线上课程，并提供有电子课件等配套资源。

本书可作为职业院校数字媒体、动漫设计与制作、虚拟现实技术、游戏设计与制作等专业的教材，也可作为三维数字建模培训教材或三维建模爱好者的学习用书。

图书在版编目 (CIP) 数据

三维数字模型制作与渲染：微课版 / 宋再红等主编 . -- 西安：西安电子科技大学出版社 , 2024. 7. -- ISBN 978-7-5606-7367-7

Ⅰ. TP391.414

中国国家版本馆 CIP 数据核字第 2024XN0109 号

策　　划　明政珠
责任编辑　李　明
出版发行　西安电子科技大学出版社 (西安市太白南路 2 号)
电　　话　(029) 88202421　88201467　　　　邮　　编　710071
网　　址　www.xduph.com　　　　　　　　电子邮箱　xdupfxb001@163.com
经　　销　新华书店
印刷单位　广东虎彩云印刷有限公司
版　　次　2024 年 8 月第 1 版　2024 年 8 月第 1 次印刷
开　　本　787 毫米 × 1092 毫米　1/16　印 张　16
字　　数　380 千字
定　　价　75.00 元
ISBN 978-7-5606-7367-7
XDUP 7668001-1
*** 如有印装问题可调换 ***

随着科技的飞速发展，人们在生产生活中对数字模型的需求日益增加，数字建模技术得到了广泛重视。编者基于"产教同体、产业联动、产品共生"的三产融合教学模式，在实践中校企共建打造立体化教材。本书是立体化教材的纸质教材部分，拓展的数字化知识颗粒和线上课程会同步到学习通平台。编者围绕数字建模师的工作岗位技能需求点精心设计本书知识体系，根据高职学生的学习特点并结合思政教育来布局整体内容。同时，企业导师根据岗位需求进行具体技能点的讲解。

本书以我国古代民间故事《闻鸡起舞》为主线进行任务的设计，从道具模型（剑）制作，到场景模型（古代民居）制作，最后到人物角色模型（古典男性角色）制作，按内容由简单到复杂的顺序来引导学生一步步掌握数字模型制作的全流程；由浅入深地讲解了次世代模型制作的方法和流程，以及建模、拓扑、拆分UV、烘焙贴图、制作材质、渲染输出等多个软件的使用方法。

本书的主要特色如下：

●和谐：本书充分考虑到高职学生的学习特点，知识架构合理，以基础知识点为根基，有机地融入思政元素，做到"于无声处润物"，教书育人和谐共生。

●共济：本书由从教多年的学校教师和企业在职建模师共同编写，依托企业的真实项目工作流程和项目规范设置制作流程。

●枝繁：本书以数字模型制作流程为主干，依次设置了道具、场景和角色三个模块的学习情境，对在流程中所应用到的软件的基础操作都进行了讲解，多软件联合。

●叶茂：本书包含了PPT课件、微视频课程、线上课程等（可登录西安电子科技大学出版社官网下载），多平台联动，拓展了纸质教材的容量，打造了在案例流程主干统领下的知识颗粒立体化教材。

本书在知识点编写中还结合了中华人民共和国职业技能大赛3D数字游戏艺术赛项和"1＋X"三维数字模型中高级证书的技术要求，做到了"岗、课、赛、证"一体化，既适用于无软件基础的人群，也能满足高层建模学习者的需求，同时还能满足数字媒体专业、动漫专业、虚拟现实等专业的数字建模课程的教学需求。

宋再红负责本书整体架构的设计、模块一和模块二的编写、统稿工作以及视频的录制；杨成斌、胡艳负责模块三的编写及视频的录制；谭钧秋、杨海宁、唐磊负责模块四的编写及视频的录制；穆振栋、李纪雄负责MD、拓扑等软件使用方法的编写及视频的录制；陈德丽、王华、杜德银负责核查各个模块的企业规范及编写课程思政内容。

由于编者水平有限，书中可能还存在一些不足之处，欢迎广大同行和读者批评指正。

编　者

2024 年 5 月

目　　录
CONTENTS

模块一 三维数字模型制作基础知识

教学目标

知识目标

1. 了解三维数字模型的应用。
2. 了解制作三维数字模型需要的工具。
3. 掌握制作软件的基础操作。

能力目标

1. 初步建立制作三维模型的世界观。
2. 能熟练掌握软件的基本操作及常用快捷键的使用方法。

素质目标

1. 具有团队合作精神和协作能力，能够协调分工完成任务。
2. 具备良好的交流沟通能力，能够有效地表达观点并进行成果汇报展示。
3. 具有良好的信息素养和学习能力，能够掌握新知识新技能的运用方法和技巧。
4. 具有独立思考和创新的能力，能够掌握相关知识点并完成项目任务。

思政目标

1. 培养学生端正的职业态度和工作素养。
2. 培养学生精益求精的工匠精神。

三维数字模型制作基础知识
├── 课前预习
│   ├── 三维数字模型的应用
│   ├── 制作三维数字模型的工具
│   ├── Maya软件的常用快捷键
│   └── 预习自测
├── 课中实践
│   ├── 软件基础操作
│   └── 案例实践
└── 课后拓展
    ├── 案例学习反思
    └── 拓展案例实践

课前预习

一、三维数字模型的应用

随着科技的快速发展，三维数字模型从19世纪70年代出现以来，已经在众多领域中得到了应用。例如：它在影视及游戏设计领域用于制作场景模型、道具模型和角色模型等；在工业设计领域用于产品的生产制造设计和效果图展示等；在建筑设计领域用于展示建筑效果图、鸟瞰图等；在室内设计领域用于制作效果图、进行方案测试等；在医疗卫生领域用于进行仿真医疗训练和展示；在地球科学领域用于构建三维地质模型；在虚拟现实领域用于构建虚拟空间和数字孪生产品；等等。

应用于不同领域的三维模型因为用途不同，需要达到的视觉效果不同，所以也就有了不同的制作标准和制作要求。本书主要讲解应用于影视动画、游戏设计及虚拟现实中的三维模型的制作方法和流程，共包含道具模型制作案例、场景模型制作案例和人物角色模型制作案例三个案例。其中，第一个案例主要介绍次世代模型制作的一般方法；第二个案例主要介绍三维场景模型的制作方法以及在虚幻引擎中渲染输出的方法；第三个案例主要介绍次世代角色模型的制作流程。利用真实的案例以分任务的方式进行实操演练。学生在熟练掌握这些案例的制作技能后，就基本满足了三维数字建模师的工作岗位技术要求，同时也达到了"1＋X"三维数字建模师中级和高级证书的标准要求。

二、制作三维数字模型的工具

制作三维数字模型的三维制作软件根据功能不同一般分为以下几类：

(1) 通用全功能 3D 设计软件，如 3ds Max、Maya、Blender、C4D 等。

(2) 行业性 3D 设计 (工业设计) 软件，如 Rhino、CATIA、UG 等。

(3) 3D 雕刻建模软件，如 ZBrush、MUDBOX、MeshMixer 等。

(4) 基于照片的 3D 建模软件，如 Autodesk 123D、3DSOM Pro、PhotoSynth 等。

(5) 基于扫描 (逆向设计) 的 3D 建模软件，如 Geomagic、Imageware、Artec Studio 等。

(6) 基于草图的 3D 建模软件，如 SketchUp、EasyToy、Magic Canvas。

(7) 其他 3D 建模软件，如人体建模软件 Poser(可基于大量人类学形态特征数据快速形成不同年龄段的人体模型)、城市建模软件 CityEngine(可利用二维数据快速创建三维场景并高效地进行规划与设计)、网页 3D 建模工具 3DTin 等。

本书主要介绍建模软件 Maya 和 3ds Max、雕刻软件 ZBrush、展 UV 软件 RizomUV、3D 服装设计软件 Marvelous Designer(MD)、材质贴图软件 Substance Painter(SP) 以及渲染输出软件 Marmoset Toolbag(八猴) 虚幻引擎 UE4。

三、Maya 软件的常用快捷键

Maya 软件中的常用快捷键如表 1-1 所示。

表 1-1 Maya 软件的常用快捷键

热　键	执行命令
按一次空格	切换视图
长按空格	调出热盒
Enter	完成当前操作
w	移动工具
e	旋转工具
r	缩放工具
q	选择工具
t	显示操纵杆工具
f:	最大化显示选择对象
a	所有对象最大化显示
=	增大操纵杆显示尺寸
−	减小操纵杆显示尺寸
Ctrl + z	返回上一步操作
Ctrl + s	保存文件
v	吸附
p	父子链接
Insert	插入工具编辑模式
Alt + 左键	旋转视图
Alt + 中键	平移视图
Alt + 右键	缩放视图

在 Maya 软件中也可以自己设置快捷键，具体方法如下：

(1) 打开 Maya 软件，单击菜单栏的【窗口】选项。

(2) 在下拉菜单中单击【设置/首选项】，然后在窗口中选择【热键编辑器】选项。

(3) 在弹出的【热键编辑器】窗口下方的搜索栏搜索想要设置快捷键的选项，将会弹出该选项。

(4) 选中此选项后，在出现的方框中输入要指定的快捷键，然后系统会询问是不是要更换热键，单击下方的【Yes】按钮，再单击【保存】按钮即可。

四、预习自测

1. 三维数字模型的应用领域有哪些？

2. 在本书中将用到哪些软件？分别有什么作用？

3. 在 Maya 软件系统默认的快捷键中，空格键的作用有哪些？

⊙ 课中实践

一、软件基础操作

1. Maya 软件的界面布局

Maya 是一款三维设计软件，它提供了 3D 建模、动画、特效和高效的渲染工具，是目前市场上三维数字建模的主流软件之一。其界面如图 1-1-1 所示（可扫图中二维码查看原图）。

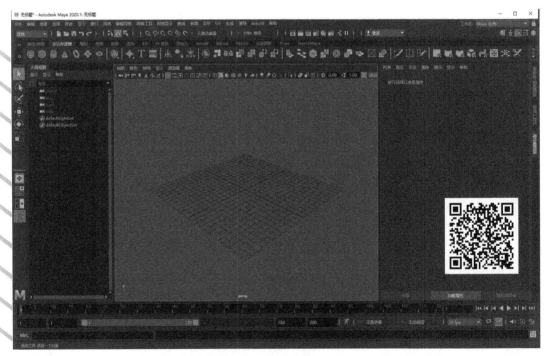

图 1-1-1 Maya 软件的界面

Maya 软件的界面中包含标题栏、菜单栏、状态栏、工具架、工具盒／快捷布局工具、工作区、通道盒／层编辑器、动画控制区、命令行和帮助栏。下面简单介绍每个界面元素的作用。

(1) 标题栏。它的作用是显示当前软件版本、存储路径以及文件的名称，它在界面中的位置如图 1-1-2 所示。

图 1-1-2　标题栏

(2) 菜单栏。菜单栏中包含了 Maya 所有的命令，不同模块的菜单栏也不同，它在界面中的位置如图 1-1-3 所示。

图 1-1-3　菜单栏

(3) 状态栏。它的作用是切换 Maya 中的各个功能模块，它在界面中的位置如图 1-1-4 所示。

图 1-1-4　状态栏

(4) 工具架。它集成了 Maya 各个模块下的常用命令，其内容可以自定义，它在界面中的位置如图 1-1-5 所示。

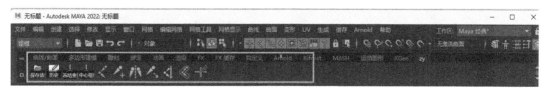

图 1-1-5　工具架

(5) 工具盒/快捷布局工具。工具盒提供了 Maya 视图操作中最常用的工具，而快捷布局工具是 Maya 用来控制视图显示样式的工具。它们在界面中的位置如图 1-1-6 所示。

图 1-1-6　工具盒/快捷布局工具

(6) 工作区。它是用户操作的主要区域，它在界面中的位置如图 1-1-7 所示。

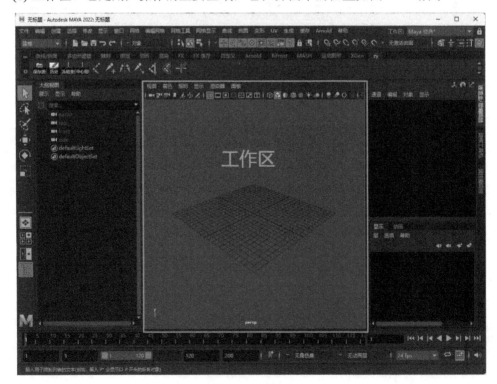

图 1-1-7　工作区

(7) 通道盒/层管理器。通道盒集成了所选择对象的属性,层编辑器用于进行图层操作。它们在界面中的位置如图 1-1-8 所示。

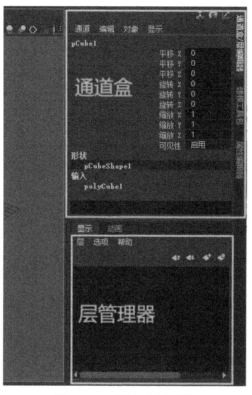

图 1-1-8　通道盒/层编辑器

(8) 动画控制区。它包含了时间滑块和范围滑块,这是进行动画调节的主要区域,它在界面中的位置如图 1-1-9 所示。

图 1-1-9　动画控制区

(9) 命令行。它是执行 Maya 的 MEL 命令以及脚本命令的入口,它在界面中的位置如图 1-1-10 所示。

图 1-1-10　命令行

(10) 帮助栏。它是实时向用户提供帮助信息的区域,它在界面中的位置如图 1-1-11 所示。

图 1-1-11　帮助栏

界面元素的显示 / 隐藏设置

Maya 软件的界面元素繁多，在工作时，可以选择把不需要的界面元素隐藏起来，主要有两种方法。

方法 1：在【窗口】菜单下选择【UI 元素】，然后可以选择显示或隐藏界面元素，如图 1-1-12 所示。

图 1-1-12 【UI 元素】设置窗口

方法 2：在【窗口】菜单下选择【设置/首选项】，然后在出现的列表中选择【首选项】，再在弹出的【首选项】设置窗口左侧的【界面栏】下选择【UI 元素】，右边就会出现一个【可见 UI 元素】，勾选需要显示的元素，单击【保存】按钮即可，如图 1-1-13 和图 1-1-14 所示。

图 1-1-13 选择【首选项】

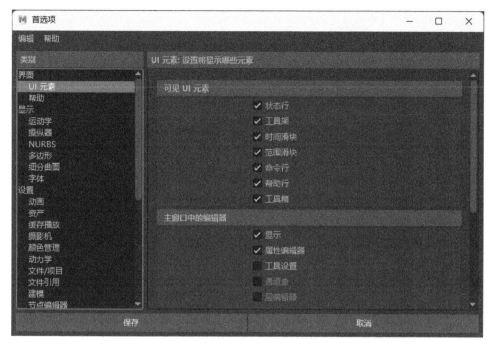

图 1-1-14 【首选项】设置窗口

2. Maya 软件的基础操作

Maya 软件的基础操作包括文件操作、视图操作和对象操作。

1) 文件操作

在 Maya 中对文件的操作一般包括新建文件、保存文件、打开文件和退出文件等。

(1) 新建文件。双击 Maya 图标，进入软件后即可创建一个新场景文件，也可以在正在制作的场景中选择【文件】菜单下的【新建场景】命令，将会弹出是否要保存文件，根据实际需要选择【保存】或者【不保存】即可进入新场景文件，如果选择【取消】，那么系统将继续原场景的运行。其快捷键是【Ctrl + n】。

(2) 保存文件。在运行的场景文件中，单击【文件】菜单下的【保存场景】或者【场景另存为...】命令，将会弹出【另存为】对话框，然后可以指定路径和文件名以及文件格式对场景文件进行保存。其快捷键是【Ctrl + s】。

(3) 打开文件。在保存好的文件图标上双击可以直接打开场景文件；或者在打开软件后选择【文件】菜单下的【打开场景】命令，将会弹出【打开场景】对话框，然后选择要打开的场景文件并单击【打开】按钮，即可打开该文件。其快捷键是【Ctrl + o】。

(4) 退出文件。在【文件】菜单下选择【退出】命令,或者单击工作区右上方的【关闭】按钮，都可以退出文件。其快捷键是【Ctrl + q】。

2) 视图操作

通常把在工作区中对场景进行的旋转、平移、缩放等操作叫作对视图的操作。Maya 中的每个视图都相当于一个在场景中放置的摄影机，透过那个摄影机所看到的就是视图中显示出来的对象。在 Maya 中分为两种摄影机：一种是透视摄影机，可以透过这种摄影机从任意角度对场景进行查看，也就是透视图，并且可以对它进行旋转、平移、缩放等操作；另一种是平行摄影机，它只能观察正交视图，也就是顶视图、前视图、侧视图等，其中的旋转功能是被锁定的，即不能旋转视图。

对视图的常用操作方法如下：

(1) 对视图的旋转，其操作方法是按住键盘上的【Alt】键和鼠标左键并拖动。

(2) 对视图的平移，其操作方法是按住键盘上的【Alt】键和鼠标中键并拖动。

(3) 对视图的缩放，其操作方法是按住键盘上的【Alt】键和鼠标右键并拖动。

(4) 使局部位置快速放大，其操作方法是按住键盘上的【Ctrl + Alt】键和鼠标左键并拖动，框选出一块区域，此区域就会被快速放到最大。

3) 对象操作

在 Maya 中对对象的基本操作一般包括创建、选择、移动、旋转、缩放、复制、镜像、删除等。

(1) 创建对象。单击【创建】菜单 (面板)，可以创建 Maya 中所有类型的对象，如图 1-1-15 所示。

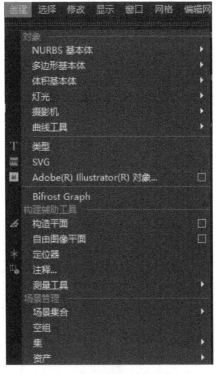

图 1-1-15 【创建】面板

单击【创建】面板上边的虚线位置，这样【创建】面板就会成为独立的浮动面板并保存在界面上。单击某个类型后边的三角形按钮，可以进入下一层级的创建面板，然后单击要创建的对象，在每个创建对象面板的最下方有两个选项：如果选择默认的【完成时退出】选项，会在场景中自动创建对象；如果选择【交互式创建】，则需要在场景中拖动鼠标进行创建对象。可以根据需要对这两个选项进行切换，如图 1-1-16 所示。

图 1-1-16　浮动【创建】面板

除了在【创建】菜单下创建对象，还经常会在工具架上选择对象类型按钮，进行创建对象操作。

(2) 选择对象。按下键盘上的【q】键或单击工具盒中的 ➤ 图标，然后在工作区中单击或者框选需要选择的对象。当选择的对象仅一个时，右侧的通道盒内可以显示其属性，并可以根据需要进行修改。另外，可以通过按下键盘上的【Shift】键并单击对象来实现加选对象，也可以通过按下【Ctrl】键并单击对象来实现减选对象。

(3) 移动对象。按下键盘上的【w】键或者单击工具盒中的 ▣ 图标，然后选择对象并按住鼠标左键沿一定方向进行拖动，从而实现移动对象的操作。

(4) 旋转对象。按下键盘上的【e】键或者单击工具盒中的 ◈ 图标，然后选择对象并按住鼠标左键沿一定方向进行拖动，从而实现旋转对象的操作。

(5) 缩放对象。按下键盘上的【r】键或者单击工具盒中的 ▣ 图标，然后选择对象并按住鼠标左键沿一定方向进行拖动，从而实现缩放对象的操作。

(6) 删除对象。选择要删除的对象并按下键盘上的【Delete】键，可以删除选中对象。

 知识链接

热 盒 使 用

在正在运行的文件中，若按住空格键不松手，则会在工作区中出现一些菜单组合，这些菜单组合就是 Maya 的热盒，它是一些常用键的集合，如图 1-1-17 所示。

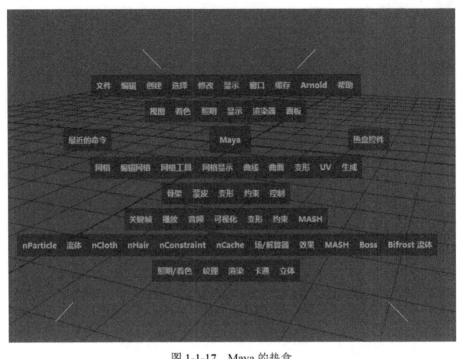

图 1-1-17　Maya 的热盒

　　热盒可以分为上、下、左、右四个区域，当在不同区域按下鼠标左键时又会出现不同的一组菜单。若在上方区域中按下左键，则会出现如图 1-1-18 所示的菜单。

图 1-1-18　在热盒的上方按下左键的菜单

若在下方区域中按下左键，则会出现如图 1-1-19 所示的菜单。

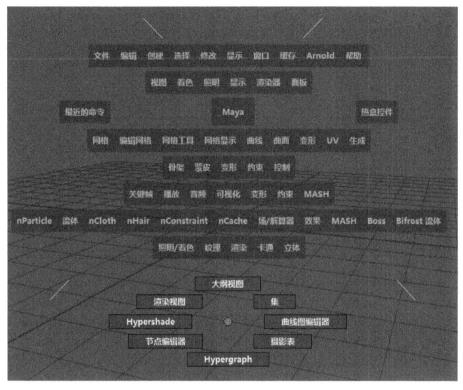

图 1-1-19　在热盒的下方按下左键的菜单

若在左边区域按下左键，则会出现如图 1-1-20 所示的菜单。

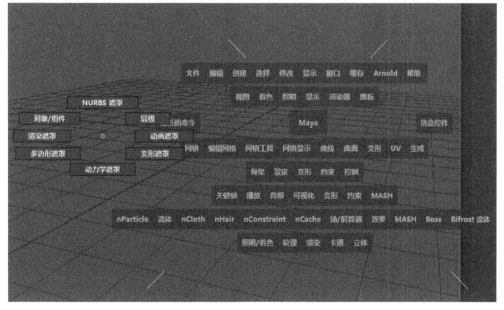

图 1-1-20　在热盒的左边按下左键的菜单

若在右边区域按下左键，则会出现如图 1-1-21 所示的菜单。

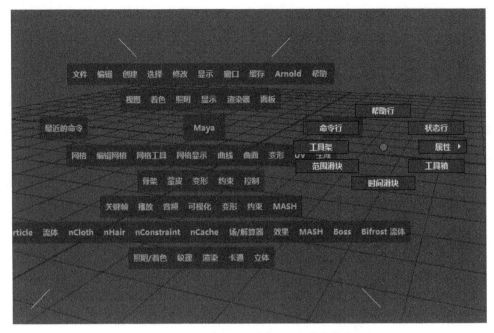

图 1-1-21　在热盒的右边按下左键的菜单

单击每个菜单又都可以出现下拉菜单。当用户使用熟练时，热盒将会大大提高工作效率。

Maya 软件最基础的操作已经介绍完了，接下来把更多的知识点融入不同的案例中，通过案例制作来进行深入的学习，在掌握知识的同时强化操作能力。

二、案例实践——瓶花场景

现在通过这个瓶花场景案例的制作来掌握 Maya 软件的基础操作，并了解三维场景建模的基本流程。图 1-1-22 为瓶花场景示意图，制作此场景主要包括制作花朵模型、制作花托、制作花枝、制作花瓶模型、制作茶几、整理场景、为模型展平贴图坐标、制作贴图文件、制作材质和创建灯光等几个模块。

瓶花场景模型制作

图 1-1-22　瓶花场景示意图

14

1. 制作花朵模型

制作花朵模型的步骤如下：

(1) 在【多边形建模】工具架上单击创建球体按钮，在场景中创建球体，然后按下键盘上的【r】键切换到选择并压缩工具，再按住鼠标左键拖动，对球体进行放缩调整，以便将其作为花瓣，完成状态如图 1-1-23 所示。

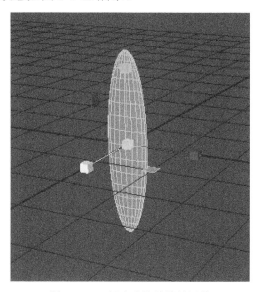

图 1-1-23　创建球体并放缩调整

(2) 调整轴心位置和对象位置。首先按住键盘上的【d】键，并移动轴心到花瓣底端，完成轴心位置的修改。接着单击捕捉到栅格按钮，把花瓣移动到世界坐标的原点位置，如图 1-1-24 所示。

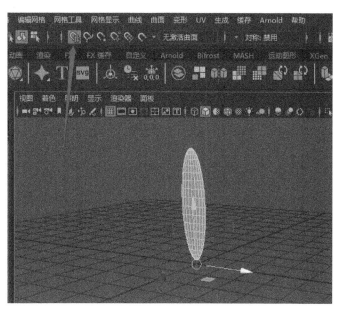

图 1-1-24　修改坐标轴心点并移动花瓣位置

(3) 为花瓣模型添加【弯曲】修改器。首先选择花瓣模型,再在【建模】模块的【变形】菜单下选择【非线性】中的【弯曲】选项,然后在通道栏中修改曲率的值,如图 1-1-25 所示。

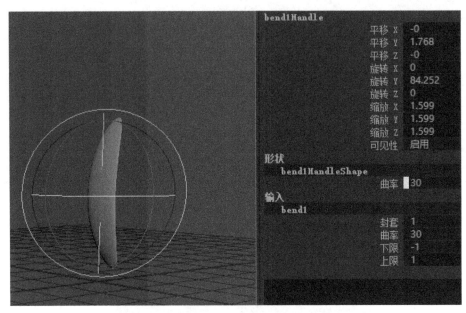

图 1-1-25　为花瓣模型添加【弯曲】修改器

(4) 完成花朵模型。首先选择花瓣模型,在【编辑】菜单下删除历史记录,再在【修改】菜单下选择【冻结变换】,然后打开【编辑】菜单下的【特殊复制】选项,修改 Z 轴的旋转角度并单击【应用】按钮,即可完成花朵模型,如图 1-1-26 所示。

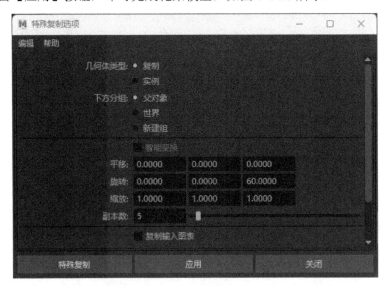

图 1-1-26　复制花瓣

2. 制作花托

制作花托的步骤如下:

(1) 创建一个圆柱体，将其边数修改为 6，高度分段为 2，其位置状态如图 1-1-27 所示。

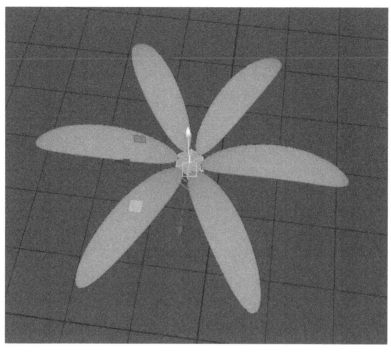

图 1-1-27　创建圆柱体并修改参数

(2) 修改花托细节。单击【窗口】菜单中的隔离选择按钮，单独显示花托模型，再进入点的级别，缩小底部的点，并调整其状态，如图 1-1-28 所示。

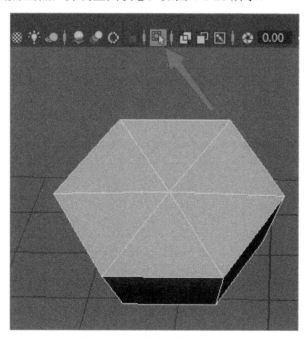

图 1-1-28　孤立并调整花托模型

(3) 选择花托模型的顶面，使用【挤出】工具进行挤出并缩小，如图 1-1-29 所示。

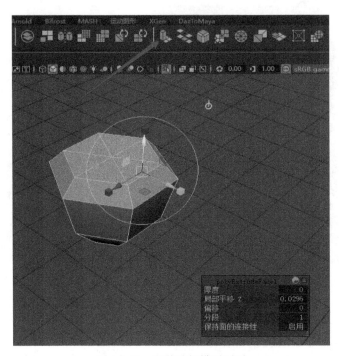

图 1-1-29　调整花托模型顶面

3. 制作花枝

选择花托模型的下底面并进行挤出，制作出花枝，再打开【软选择】工具，通过对点的移动来调整花枝的形态，如图 1-1-30 所示。

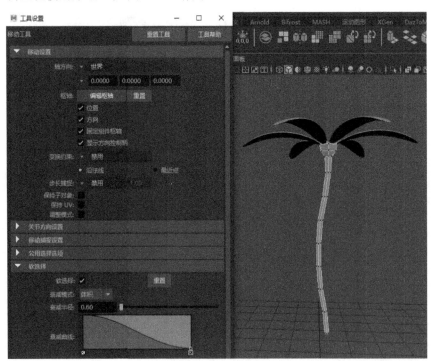

图 1-1-30　调整花枝的形态

4. 制作花瓶模型

制作花瓶模型的步骤如下：

(1) 创建圆柱体，并将其边数修改为 8，高度分段为 5(分段越多越平滑，但是越占用内存)，同时删除顶面。选择圆柱体，在【建模】模块的【变形】菜单下创建【晶格】修改器，在单击鼠标右键出现的菜单中选择【晶格点】模式，然后选择晶格点进行调整，从而确定花瓶的形状，如图 1-1-31 所示。

图 1-1-31　调整花瓶形态

(2) 制作花瓶底部硬边。为了在平滑过程中保持硬转折不过分平滑，在按住【Shift】键并单击鼠标右键出现的菜单中选择【插入循环边】工具，然后在如图 1-1-32 所示的位置添加边。

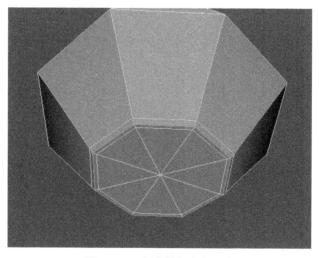

图 1-1-32　制作花瓶底部硬边

(3) 制作花瓶厚度。选择花瓶模型,然后单击工具架上的【挤出】工具挤出花瓶的厚度,如图 1-1-33 所示。

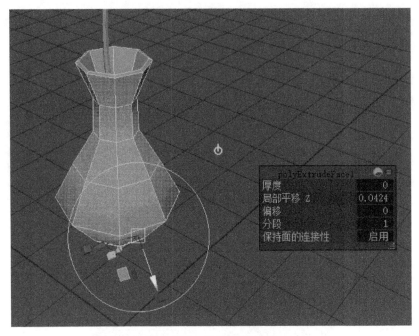

图 1-1-33　挤出花瓶厚度

(4) 按下键盘上的数字【3】,观察平滑后的花瓶效果,如图 1-1-34 所示。

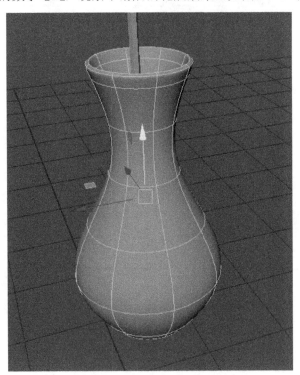

图 1-1-34　花瓶的平滑效果

5. 制作茶几

制作茶几的步骤如下：

(1) 创建立方体，并调整其大小，完成茶几面模型的制作，如图 1-1-35 所示。

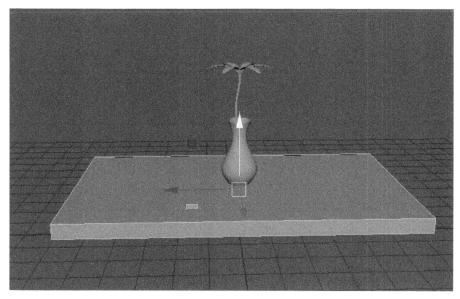

图 1-1-35　茶几面模型

(2) 制作茶几腿模型。创建立方体，然后调整其形状并删除顶面，如图 1-1-36 所示。

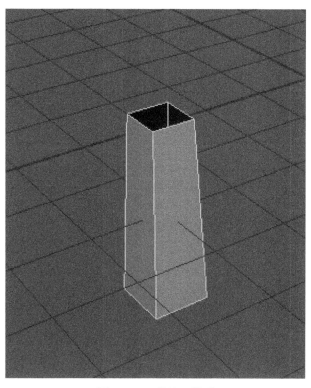

图 1-1-36　茶几腿模型

(3) 复制茶几腿模型。选择茶几腿模型,在顶视图中,按住【Shift】键和鼠标左键并拖动,从而完成模型的复制, 如图 1-1-37 所示。

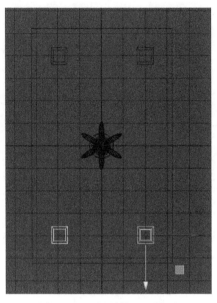

图 1-1-37　复制茶几腿模型

6. 整理场景

整理场景的步骤如下:

(1) 选择所有花瓣模型和花枝模型,按下键盘上的【p】键,进行父子链接,让花瓣模型作为花枝模型的子对象,如图 1-1-38 所示。

图 1-1-38　父子链接模型

(2) 通过复制来制作出另一枝花,并调整其大小,从而完成场景模型的布置,如图 1-1-39 所示。

图 1-1-39 完成模型场景

瓶花场景材质
制作及渲染

7. 为模型展平贴图坐标

在模型制作完成后，一般情况下要对三维模型进行 UV 的展开，通过展平贴图坐标来完成材质纹理的正确显示。在本案例中，小花是一个渐变材质，因为它是一个球体压缩成的花瓣，所以不用展平贴图坐标，同时花枝是一个单色块，也不需要展 UV，那就只有花瓶需要展平贴图坐标。现在以花瓶为例学习展平贴图坐标的方法。

为模型展平贴图坐标的步骤如下：

(1) 选择花瓶模型，在【建模】模块的【UV】菜单下打开【UV 编辑器】，其界面如图 1-1-40 所示。

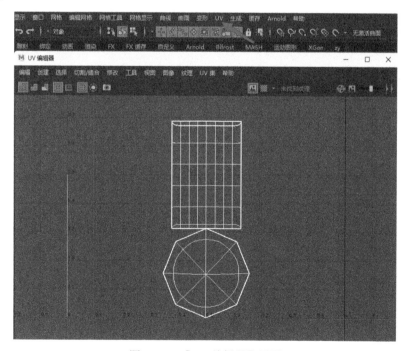

图 1-1-40 【UV 编辑器】界面

(2) 按下键盘上的【F11】键进入多边形面选择状态，然后在编辑器窗口中按住鼠标左键拖动选择所有 UV 面，单击【UV 工具包】中【创建】面板下的【平面】按钮，然后再单击鼠标。若单击左键，则以 X 轴为映射平面；若单击右键，则以 Z 轴为映射平面；若单击中键，则以 Y 轴为映射平面。其位置状态如图 1-1-41 所示。

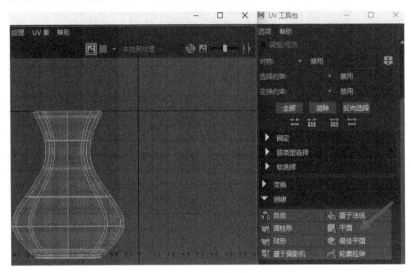

图 1-1-41　创建平面 UV

(3) 展平贴图坐标。首先要切缝，按下【F10】键选择瓶体侧面的连续边，在按住【Shift】键并单击鼠标右键出现的菜单中选择【剪切】，用同样的方法剪切瓶子模型底部。然后展开 UV，在【UV 编辑器】窗口中单击鼠标右键，在出现的菜单中选择【UV 壳】，框选所有 UV 壳，再在按住【Shift】键和鼠标右键出现的菜单中选择【展开】，打开【展开 UV 选项】，选用默认参数并单击【应用】按钮。最后排布，在按住【Shift】键和鼠标右键出现的菜单中选择【排布】，各 UV 壳会均匀地自动排布到第一象限。在第一象限占用的面积越大，贴图会越清晰，这个花瓶只在瓶体上有一个花纹，其他地方是单一颜色，因此可以把瓶体的 UV 壳放大，其他部位缩小，这样能更合理地利用贴图空间。手动调整后的 UV 排布如图 1-1-42 所示。

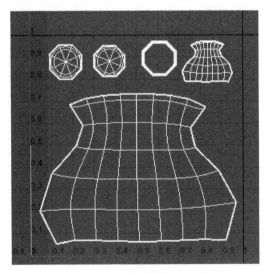

图 1-1-42　手动调整 UV 图

(4) 导出 UV 展开图。单击【UV 编辑器】窗口中的快照按钮,在弹出的【UV 快照选项】选项卡中输入文件的保存路径、名称以及大小等选项,注意保存的图片要带透明通道,一般选择 PNG 格式,然后单击【应用】按钮,即可完成 UV 展开图的输出保存,如图 1-1-43 所示。

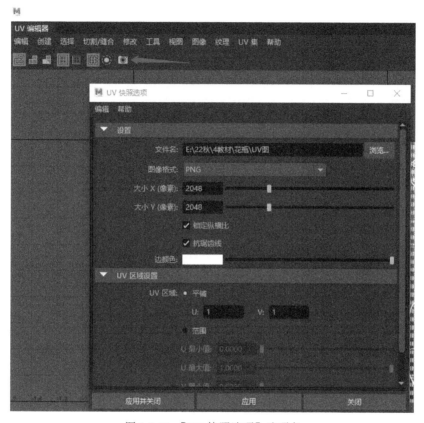

图 1-1-43 【UV 快照选项】选项卡

8.制作贴图文件

制作贴图文件的步骤如下:

(1) 在 PS(Photoshop) 软件中打开前面保存的 UV 图,添加一个图层并填充白色,将其放到底层,同时给 UV 线框层填充黑色,如图 1-1-44 所示。

图 1-1-44 调整 UV 图图层

(2) 把青花图案摆放到如图 1-1-45 所示的位置，然后关闭 UV 线图层的显示，并把文件另存为 JPEG 格式文件，即可完成贴图制作。

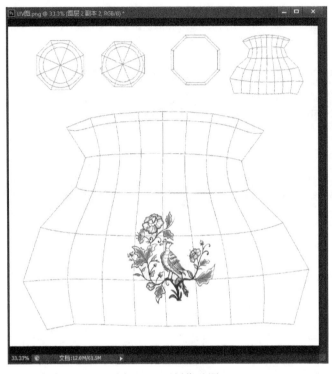

图 1-1-45　制作贴图

9. 制作材质

制作材质的步骤如下：

(1) 为花瓶模型赋材质。在 Maya 的【窗口】菜单中选择【渲染编辑器】下的【Hypershade】命令，打开【材质编辑器】窗口，如图 1-1-46 所示。

图 1-1-46　打开【材质编辑器】的路径

(2) 创建一个 Blinn 材质，方法如图 1-1-47 所示。然后把鼠标指针指向新创建的材质球，并按下中键将其拖动到场景中的花瓶模型上再松开，从而完成花瓶材质的指定。

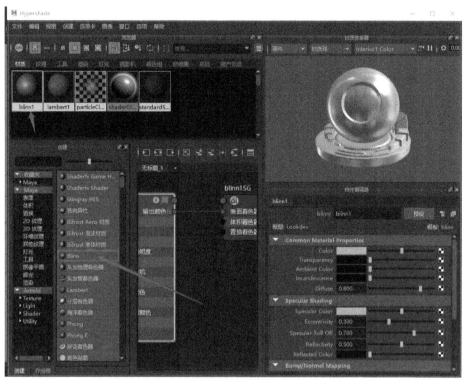

图 1-1-47　创建 Blinn 材质

(3) 选择花瓶模型。在【属性编辑器】中找到【Blinn】选项卡，然后单击在【公用材质属性】的【颜色】通道后面的方形按钮，选择【文件】，如图 1-1-48 所示。

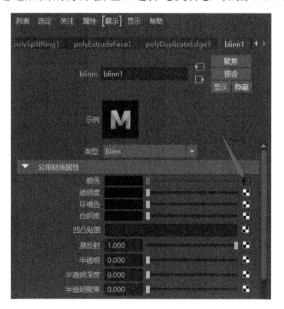

图 1-1-48　选择颜色属性

(4) 在如图 1-1-49 所示的位置，打开文件夹并选择在 PS 中制作好的花瓶贴图文件，从而完成花瓶材质的制作。

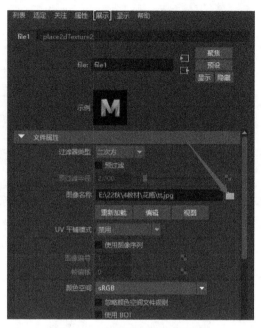

图 1-1-49　贴图文件打开位置

(5) 制作花朵材质。创建一个新的 Blinn 材质，并将其指定给每一个花瓣模型，然后设置材质颜色为渐变，其参数设置如图 1-1-50 所示。

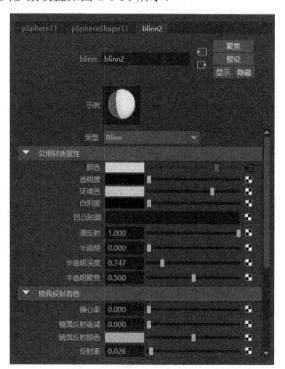

图 1-1-50　设置花朵材质参数

(6) 创建一个 Lambert 材质，并将其指定给花枝模型，其参数设置如图 1-1-51 所示。

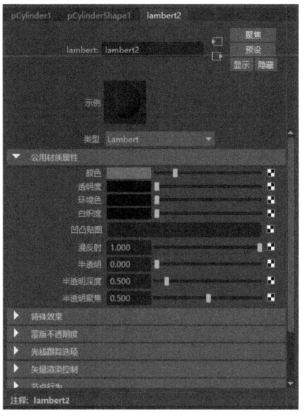

图 1-1-51　设置花枝材质参数

10. 创建灯光

创建灯光的步骤如下：

(1) 在【Arnold】菜单下，选择【Lights】中的【Skydome Light】来创建一个天光，如图 1-1-52 所示。

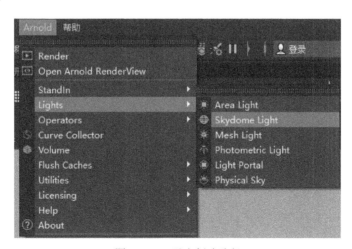

图 1-1-52　天光创建路径

(2) 单击【IPR】渲染，可以看到完成的场景状态，如图 1-1-53 所示。

图 1-1-53　场景渲染图

关于场景制作的基础知识就讲解到这里，大家可以试着为桌子指定材质。

注意：在保存渲染完成的图片时，要在【保存图像选项】窗口中选择【已管理颜色的图像】→【视图变换已嵌入】选项，这样输出的效果和在渲染窗口中看到的效果一致，不然，保存的图像会变暗。

课后拓展

1. 学习反思

梳理与总结在本模块的学习、制作和实践中所掌握的知识点及技能。

2. 拓展案例

结合学习的场景制作方法，尝试制作寝室环境场景。

模块二　道具模型制作案例

教学目标

▶ **知识目标**

1. 了解三维道具模型制作与渲染的基本流程。
2. 掌握三维数字模型的制作方法。
3. 掌握次世代模型制作软件的基础操作。

▶ **能力目标**

1. 能够制作道具模型。
2. 熟练掌握次世代道具模型的制作流程。
3. 提升设计能力。

▶ **素质目标**

1. 培养学生的创新思维和创意思维。
2. 倡导学生对待工作应精益求精，追求高质量和高效率。

▶ **思政目标**

1. 弘扬工匠精神，培养学生对待工作的专注、坚持和精益求精的态度。
2. 引导学生形成正确的道德观念。

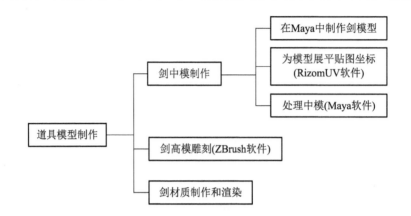

以《闻鸡起舞》为蓝本，设计其中的道具——剑模型，其造型简单，便于初学者快速上手。

任务一　剑中模制作

一、在Maya中制作剑模型

制作剑模型包括制作剑体、剑柄、护手和剑镦等几个方面。

1. 制作剑体

制作剑体的步骤如下：

(1) 在【多边形建模】工具架上单击创建立方体的工具按钮，创建一个立方体，并进行放缩，进入边级别，然后在按住【Shift】键并单击鼠标右键出现的菜单中选择【连接】工具，在模型中间添加一条线，如图 2-1-1 所示。

剑模型简模制作

图 2-1-1　使用【连接】工具加线

(2) 使用【放缩】工具把剑体两边压扁，如图 2-1-2 所示。

(3) 用【插入循环边】工具在剑模型的顶端添加三条线，以便制作剑尖形态，如图 2-1-3 所示。

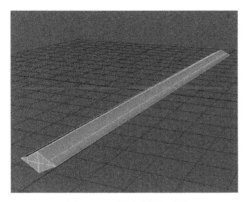

图 2-1-2　压扁剑体两侧

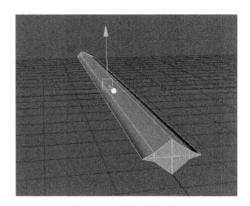

图 2-1-3　制作剑尖形态

(4) 进入顶点级别，调整剑体顶端的顶点，制作出剑尖形状，如图 2-1-4 所示。

图 2-1-4　调整剑尖形状

2. 制作剑柄

制作剑柄的步骤如下：

(1) 创建圆柱体，修改高度分段为 4，并用【放缩】工具调整比例，如图 2-1-5 所示。

(2) 选择剑柄上面的一圈面进行复制，制作剑柄与剑护手连接的部位，如图 2-1-6 所示。

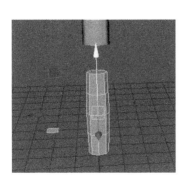

图 2-1-5　剑柄模型

图 2-1-6　复制面

(3) 把复制出来的面进行挤出，制作出厚度，如图 2-1-7 所示。

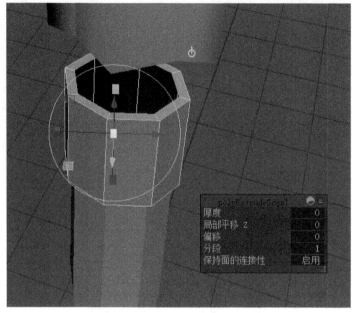

图 2-1-7　挤出面

3. 制作护手

制作护手的步骤如下：

(1) 创建立方体，并将其移动到护手位置，然后进入顶点级别进行调整，如图 2-1-8 所示。

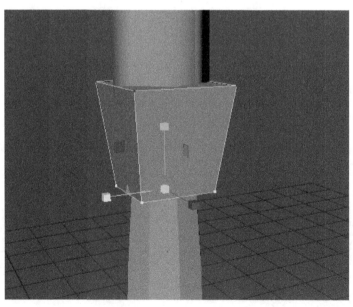

图 2-1-8　初步调整护手

(2) 选择两侧的面进行挤出、放缩来调整状态，经过三次挤出调整后完成护手模型的制作，如图 2-1-9 所示。

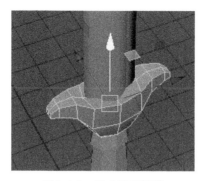

图 2-1-9　完成护手模型

4.制作剑镦

制作剑镦的步骤如下：

(1) 创建球体，并调整其位置和大小，如图 2-1-10 所示。

(2) 创建圆柱体，并修改轴向细分数为 6，端面细分数为 0，调整位置，如图 2-1-11 所示。

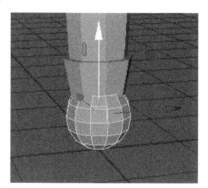

图 2-1-10　创建球体

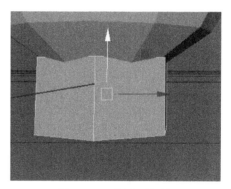

图 2-1-11　创建圆柱体

(3) 在圆柱体上方插入循环边，选择在插入边后生成的一圈面进行挤出，如图 2-1-12 所示。

(4) 连接底面上的两个顶点，再选择一边的面进行倒角并修改形态，如图 2-1-13 所示。

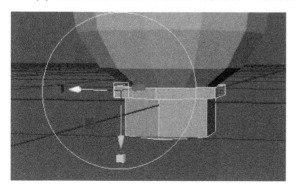

图 2-1-12　挤出面

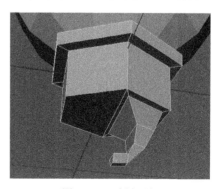

图 2-1-13　倒角面

(5) 删除未进行倒角面的半边模型，如图 2-1-14 所示。

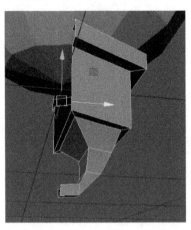

图 2-1-14　删除模型

(6) 选择模型进行特殊复制，将沿 Z 轴方向缩放数值设置为 –1，其具体参数设置如图 2-1-15 所示。

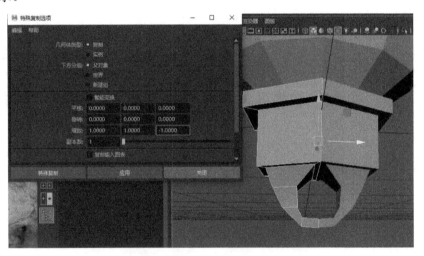

图 2-1-15　特殊复制

(7) 剑镦最终完成效果如图 2-1-16 所示。

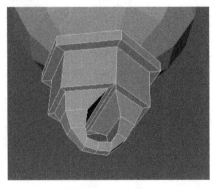

图 2-1-16　剑镦

5. 完成剑简模

剑简模的整体效果如图 2-1-17 所示。

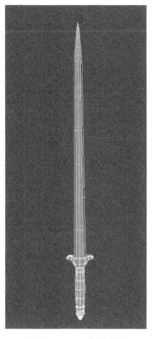

图 2-1-17　剑简模

6. 整理场景

选择所有模型，在【编辑】菜单中选择【按类型删除】下的【历史】删除模型的历史记录，如图 2-1-18 所示。然后在【修改】菜单下选择【冻结变换】，把模型的变化清零，如图 2-1-19 所示。

图 2-1-18　清除历史记录

图 2-1-19 【冻结变换】选项

二、为模型展平贴图坐标

为模型展平贴图坐标的步骤如下:

(1) 选择剑体模型,单击【UV 工具包】中【创建】面板下的【平面】
按钮,创建平面 UV,然后到边级别,选择如图 2-1-20 所示的白色的边,
在按住【Shift】键并单击鼠标右键弹出的快捷菜单中选择【剪切】,再
在单击右键出现的菜单下选择【UV 壳】,在按住【Shift】键并单击鼠标右键弹出的快捷菜
单中选择【展开】,在弹出的【展开 UV 选项】窗口中选择默认的参数,单击【应用】按钮。
展开后的状态如图 2-1-20 所示。

剑模型拆分 UV

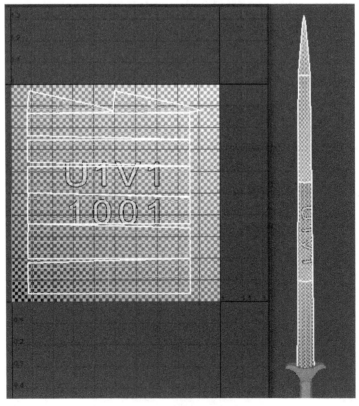

图 2-1-20 剑体模型展平 UV 状态

(2) 利用与上面相似的方法为护手模型展平 UV，其状态如图 2-1-21、图 2-1-22 所示。

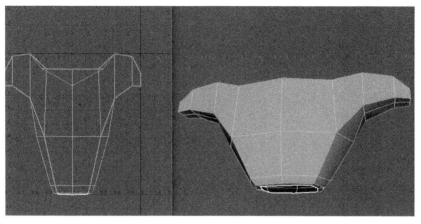

图 2-1-21　护手模型需要剪切的边

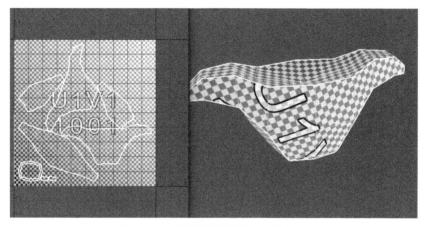

图 2-1-22　护手模型展平 UV 的状态

(3) 利用与上面相似的方法为剑柄和剑柄附件模型展平 UV，其状态如图 2-1-23、图 2-1-24 所示。

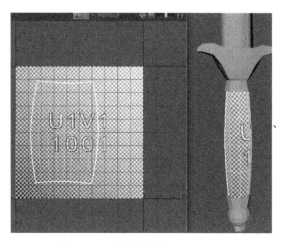

图 2-1-23　剑柄模型展平 UV 状态

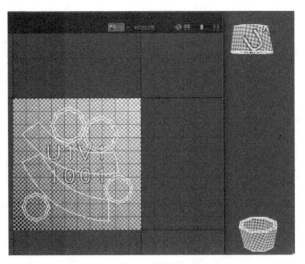

图 2-1-24　剑柄附件模型展平 UV 状态

(4) 为剑镦模型展平 UV，其状态如图 2-1-25、图 2-1-26 所示。

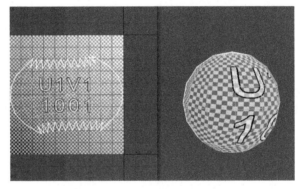

图 2-1-25　球体展平 UV 状态

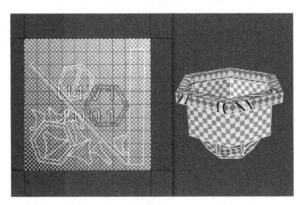

图 2-1-26　剑镦展平 UV 状态

(5) 选择所有模型，打开【UV 编辑器】，在单击鼠标右键出现的菜单中选择【UV 壳】，选择所有的 UV 壳，再在按住【Shift】键并单击鼠标右键出现的菜单中选择【排布】，整个剑模型的 UV 自动排布到第一象限，然后可以根据模型的具体情况，手动调整 UV 排布，其状态如图 2-1-27 所示。至此，完成模型的贴图坐标展平流程。

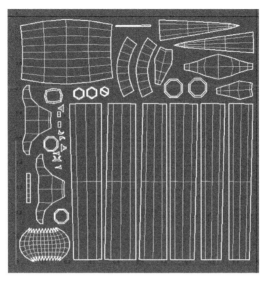

图 2-1-27　手动排布 UV 贴图

　　注意：在排布 UV 时，不能有重叠、不能有溢出、不能距离太近，要最大限度地利用好第一象限空间。

三、处理中模

　　为了在 ZBrush 软件中雕刻高模时保持硬边的形态，需要在转折的地方加线，这个过程也被叫作卡边。用【插入循环边】工具和【偏移循环边】工具，在模型的硬转折位置加边，如图 2-1-28。宝剑模型中模制作完成布线状态如图 2-1-29 所示。

剑模型中模加工

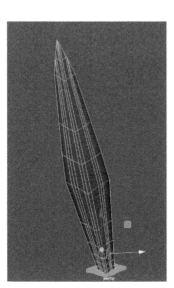

图 2-1-28　剑体模型加边

图 2-1-29　中模制作完成布线状态

任务二　剑高模雕刻

剑模型高模雕刻

剑高模雕刻的步骤如下：

(1) 将加工完成的中模以 OBJ 格式的文件导出，并在 ZBrush 软件的【工具】面板中导入，其初始状态如图 2-2-1 所示。

图 2-2-1　模型导入到 ZBrush 软件中的初始状态

(2) 在【变换】菜单下，打开【对称】选项激活所有对称轴，如图 2-2-2 所示。

图 2-2-2　激活对称轴

(3) 选择如图 2-2-3 所示的笔刷，使用【黏土】工具和【抛光】工具对剑护手和剑镦进行雕刻，如图 2-2-4 所示。

图 2-2-3　笔刷选择

图 2-2-4　剑护手和剑镦雕刻

（4）把雕刻完成的高模在【工具】面板下以 OBJ 格式的文件导出。在 Maya 软件中打开前面制作完成的中模，打组并命名为"jm"，同时把高模导入，进行分离，然后打组命名为"gm"。接下来制作模型分离的动画，以便正确烘焙贴图。选择所有模型，将时间滑块放在第 1 帧，按下【s】键，在第 1 帧制作关键帧，如图 2-2-5 所示。

（5）把时间滑块拖动到第 40 帧左右，分别选择剑的不同部位进行移动并按下【s】键进行 K 帧，如图 2-2-6 所示。

图 2-2-5　第 1 帧状态

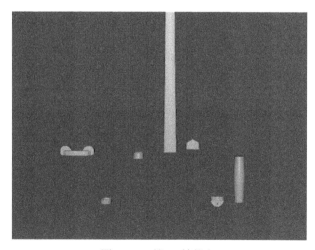

图 2-2-6　第 40 帧状态

（6）分别导出"jm"和"gm"的 FBX 动画文件，并在 Marmoset Toolbag 软件中打开。单击【烘焙】按钮，分别把它们用左键拖放到"High"和"Low"下，并设置保存路径和文件大小及格式等，如图 2-2-7、图 2-2-8 所示。

图 2-2-7　导入简模和高模放置位置

图 2-2-8　烘焙参数设置

（7）把时间滑块放在第 1 帧，选择位置、AO 和材质 ID 贴图进行烘焙，如图 2-2-9 所示。

图 2-2-9　第 1 帧烘焙参数设置

（8）把时间滑块拖动到第 2 s，选择法线、世界法线和曲率贴图进行烘焙，如图 2-2-10 所示。

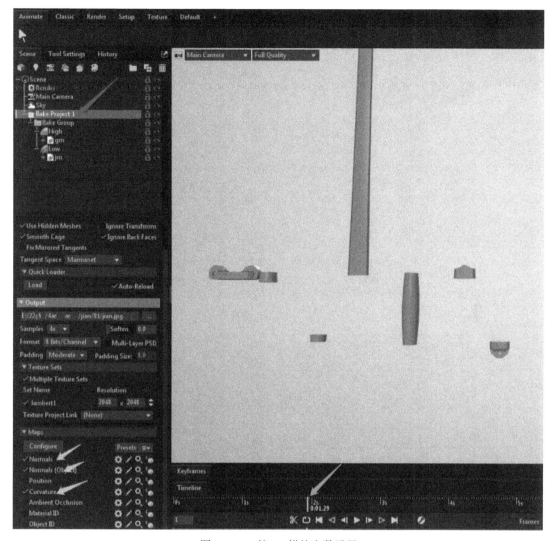

图 2-2-10　第 2 s 烘焙参数设置

完成高模贴图的烘焙为贴图材质的制作做好了准备。

任务三　剑材质制作和渲染

剑模型材质
制作及渲染

剑材质制作和渲染的步骤如下：

(1) 在 Maya 软件中选择中模，在按住【Shift】键并单击鼠标右键出现的菜单中选择【软化边】命令，然后导出 OBJ 格式文件，在 SP 软件中打开，分别为剑体、护手和剑柄设置不同的材质，如图 2-3-1～图 2-3-3 所示。

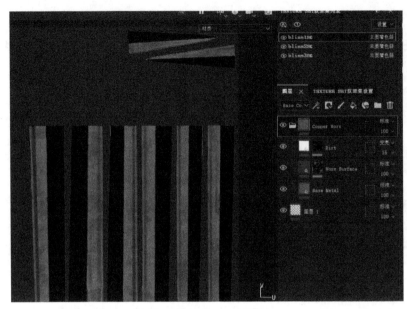

图 2-3-1　剑体材质设置

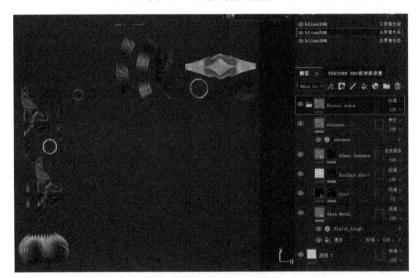

图 2-3-2　护手材质设置

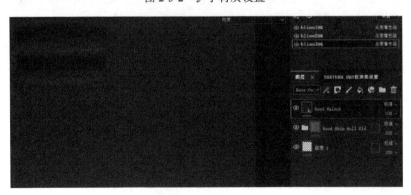

图 2-3-3　剑柄材质设置

(2) 单击渲染按钮，观察渲染效果，如图 2-3-4 所示。

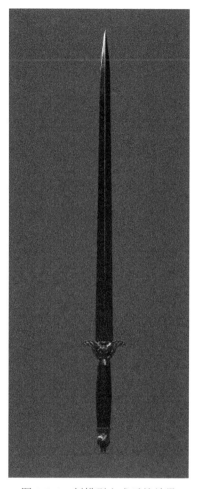

图 2-3-4　剑模型完成后的效果

到这里，剑模型就全部完成了。

课后拓展

1. 学习反思

通过本模块的学习、制作，掌握了哪些技能？有什么感悟？

2. 拓展案例

(1) 查找资料，自行设计制作兵器架。

(2) 制作自己感兴趣的冷兵器。

模块三　场景模型制作案例

教学目标

知识目标

1. 了解三维场景模型制作与渲染的流程。
2. 掌握利用 3ds Max 软件制作三维场景模型的方法。
3. 掌握烘焙贴图、材质制作软件的操作方法。

能力目标

1. 能够独立制作三维场景中的精度模型。
2. 能熟练掌握制作过程中所需软件的基本操作方法。
3. 具备独立制作 PBR 流程 (Physically Based Rendering) 模型的能力。

素质目标

1. 鼓励学生发挥创造力，尝试在模型制作中融入自己的理解和创意，使模型具有个性和艺术感，从而培养学生的创新思维能力。
2. 培养学生的交流沟通能力，使其能够有效地表达观点并进行作品汇报展示。
3. 培养学生的自主学习能力。

思政目标

1. 培养学生的文化传承观念，增强文化认同。
2. 培养学生的文化自信。

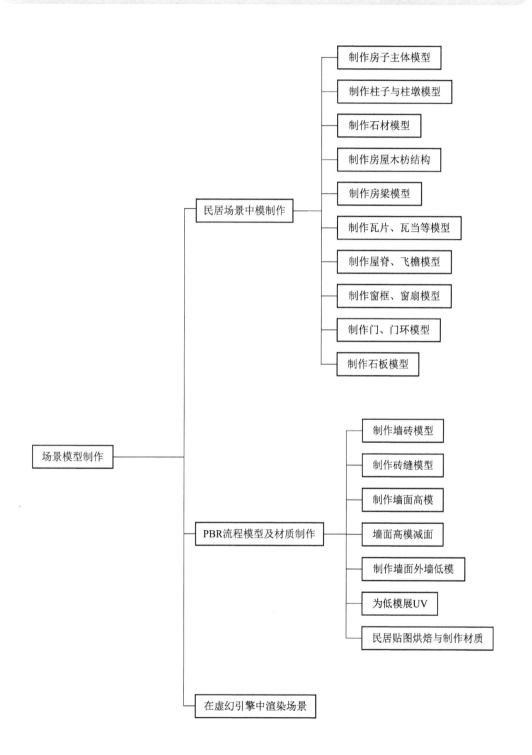

《闻鸡起舞》是中国古代故事，那么相对应的房子场景应该是中国古典民居。接下来要制作的这个场景模型，暂且叫它民居。在制作民居前参考一些我国传统建筑的资料，画出草图以便制作模型时有个参考。这个场景中用 3ds Max 软件制作中模，用八猴软件进行烘焙贴图，用 SP 制作材质，最后导入虚幻引擎进行渲染输出。

任务一　民居场景中模制作

民居框架模型搭建

民居场景的中模制作包括制作房子主体、制作柱子与柱墩、制作石材模型和制作房屋木枋结构等几个方面。

一、制作房子主体模型

制作房子主体模型的步骤如下：

(1) 打开 3ds Max，在【自定义】菜单下选择【单位设置】，将【系统单位比例】修改为毫米，将【显示单位比例】中的【公制】也设置为毫米，单击【确定】按钮，如图 3-1-1 所示。

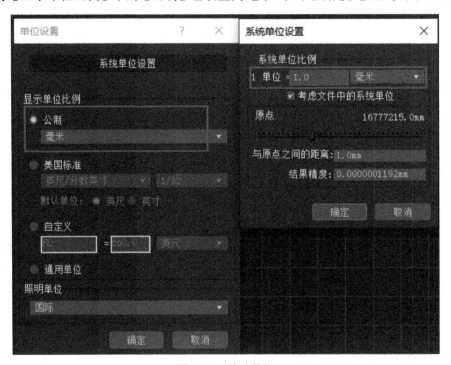

图 3-1-1　修改单位

(2) 在顶视图中绘制一个矩形，并修改矩形长度为 3000 mm，宽度为 4500 mm，如图 3-1-2 所示。

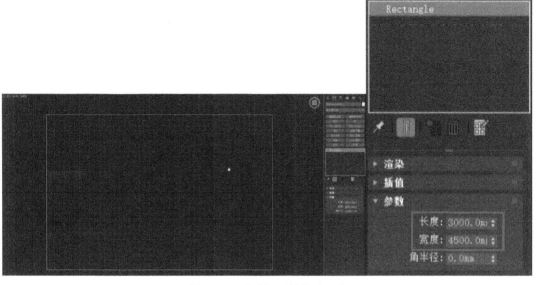

图 3-1-2　创建矩形并修改尺寸

(3) 在顶视图中将矩形挤出，其厚度为 3200 mm，可作为民居的大概形体，然后在前视图中观察其位置，如图 3-1-3 所示。

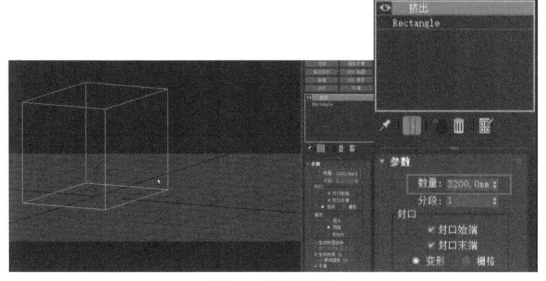

图 3-1-3　修改民居厚度

(4) 在顶视图中绘制一个平面，把平面坐标轴放在 3ds Max 坐标轴的中心，然后修改坐标轴参数：X 轴坐标为 0 mm，Y 轴坐标为 0 mm，Z 轴坐标为 0 mm，如图 3-1-4 所示。

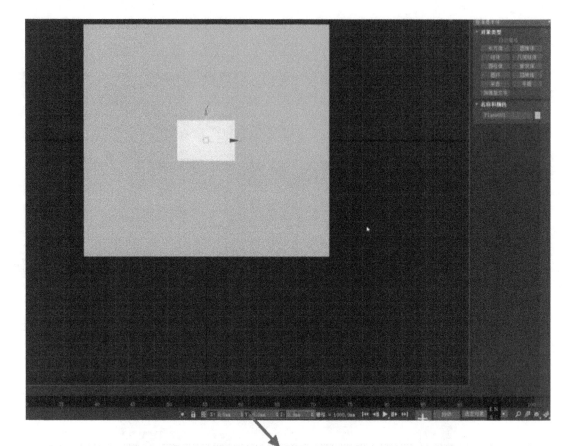

图 3-1-4　修改平面坐标轴参数

　　(5) 在前视图中添加【编辑多边形】修改器，选择长方体竖向的边，然后单击右键【连接】命令添加一条连线，从而定位门窗的位置，再按下快捷键【F4】打开边线显示，如图3-1-5 所示。

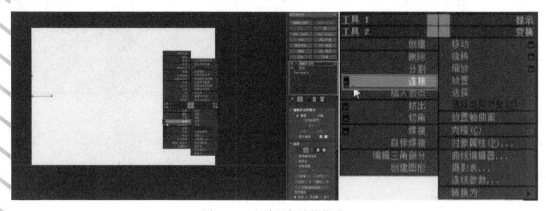

图 3-1-5　竖边添加连接横线

(6) 将连线的 Z 轴高度设置为 2100 mm，以便确定门框的高度，如图 3-1-6 所示。

图 3-1-6　确定门框高度

(7) 选择立方体横向边，单击【连接】命令添加连接线，再在该连接线的右侧继续添加【连接】命令，然后单击确定，如图 3-1-7 所示。

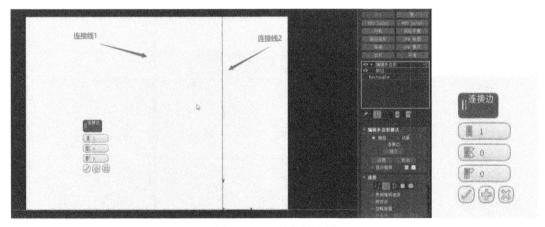

图 3-1-7　定位门的中线

(8) 双击连接线，然后单击【切角】命令，将切角参数设置为 650 mm，确定门的位置、大小，如图 3-1-8 所示。

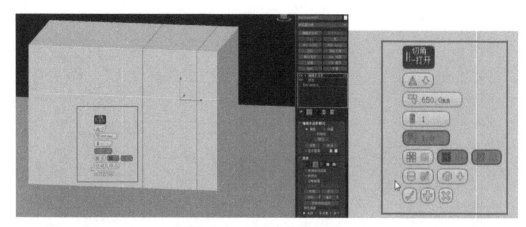

图 3-1-8　确定门的位置、大小

(9) 选择左侧横向边线，按下【Alt + R】键，使用环形选择，然后单击右键选择【连接】命令，画出窗户位置的中线，如图 3-1-9 所示。

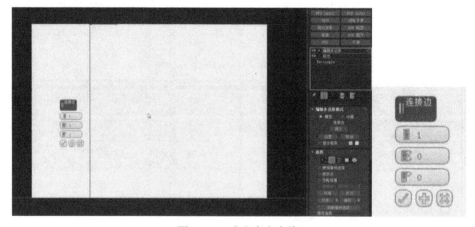

图 3-1-9　确定窗户中线

(10) 双击连接线，然后单击【切角】命令，将切角参数设置为 700，确定窗户的宽度，如图 3-1-10 所示。

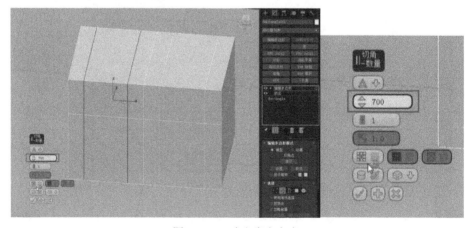

图 3-1-10　确定窗户宽度

(11) 在顶视图中，框选竖向的所有边，然后单击右键选择【连接】命令，画出中间线，如图 3-1-11 所示。

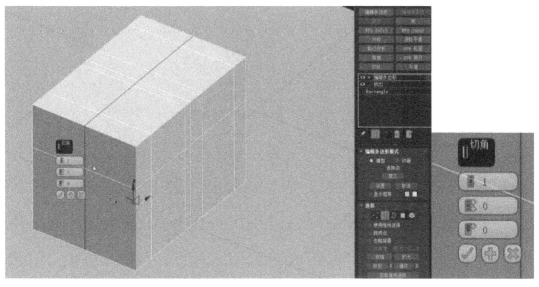

图 3-1-11　添加连接线

(12) 双击连接线，然后单击【切角】命令，将切角参数设置为 700 mm，确定房屋侧面的窗户位置，如图 3-1-12 所示。

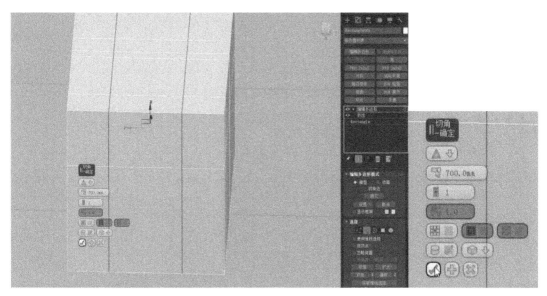

图 3-1-12　确定房屋侧面的窗户位置

(13) 框选下端竖向边，然后使用【连接】命令画出横线，将 Z 轴参数修改为 800 mm，确定窗台高度，如图 3-1-13 所示。

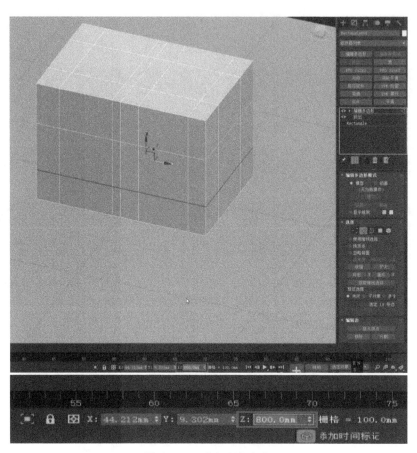

图 3-1-13　确定窗台高度

(14) 删除矩形的顶面和底面，添加【壳】命令，将内部量参数设置为 200 mm，勾选【将角拉直】选项，制作墙体厚度，如图 3-1-14 所示。

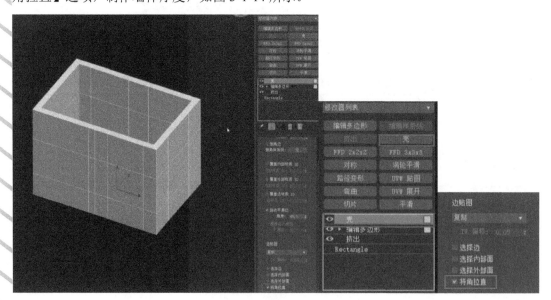

图 3-1-14　制作墙体厚度

(15) 在【编辑多边形】层级中，选中窗户位置面，然后单击【桥】命令完成窗洞制作，如图 3-1-15 所示。使用相同方法可以制作出房屋侧面窗洞。

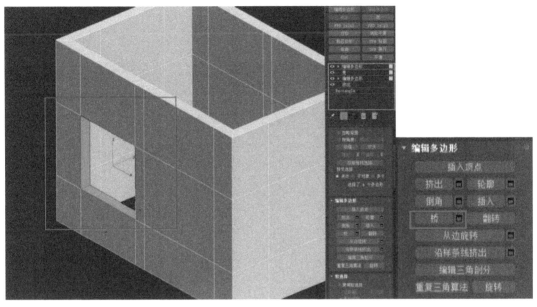

图 3-1-15　制作窗洞

(16) 在【编辑多边形】层级中，选中门位置前后面,然后单击【桥】命令完成门洞制作，如图 3-1-16 所示，这样就完成了房屋框架的制作。

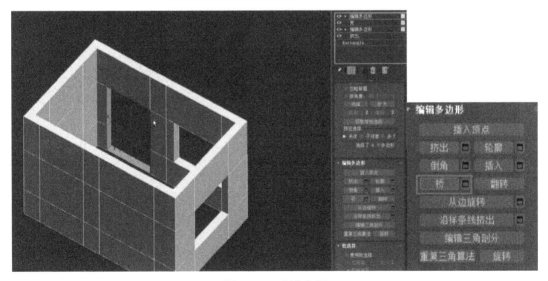

图 3-1-16　制作门洞

二、制作柱子与柱墩模型

制作柱子与柱墩模型的步骤如下：

(1) 在顶视图中打开捕捉开关，创建圆柱体，制作承重柱基础图形，如图 3-1-17 所示。

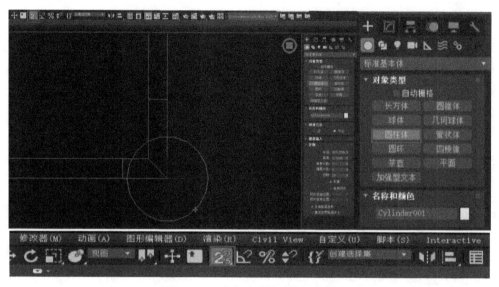

图 3-1-17　确定承重柱形状、位置

(2) 单击【修改】面板，将承重柱半径设置为 120 mm，高度设置为 3000 mm，同时将高度分段设置为 1，边数设置为 24，确定承重柱的大小、分段，如图 3-1-18 所示。

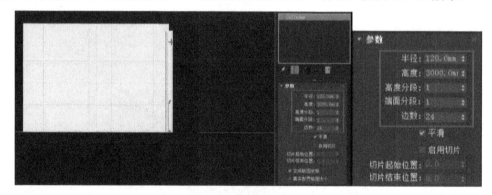

图 3-1-18　创建承重柱

(3) 利用【车削】命令制作柱墩。捕捉柱子底面中心并画一个矩形，然后单击【修改】面板，将长度设置为 200 mm，再将矩形底边捕捉到柱子底面，如图 3-1-19 所示。

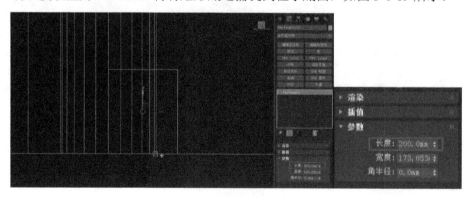

图 3-1-19　创建柱墩辅助图形

(4) 选择【圆】命令捕捉矩形左边线，然后以边的方式沿矩形边画圆，如图 3-1-20 所示。

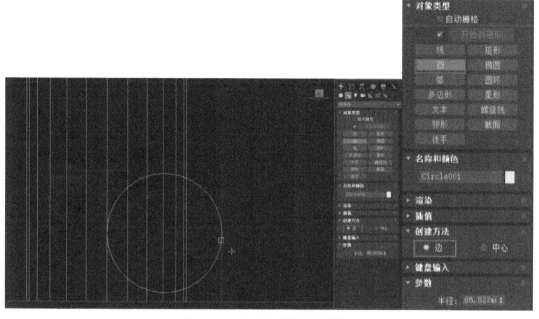

图 3-1-20　创建柱墩辅助图形圆形

(5) 将图形向右移动，然后单击右键将图形转化为可编辑的样条线，再选择【附加】命令，将矩形与圆形附加在一起，然后按下快捷键【Alt + Q】孤立显示两个图形，进入【可编辑样条线】层级，选择【样条线】，再单击【布尔】运算拾取矩形，即可完成图形合并，如图 3-1-21 所示。

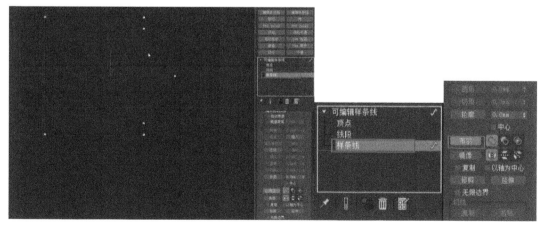

图 3-1-21　完成柱墩基础图形合并

(6) 选择弧形两端顶点，执行【圆角】命令，然后单击【顶点】层级，选择【插入】命令，再把捕捉开关打开，选择【优化】命令，在矩形上下横线处单击添加顶点，删除多余的线段，如图 3-1-22 所示。

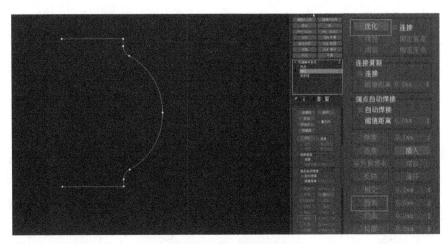

图 3-1-22　编辑柱墩基础图形

(7) 给编辑好的柱墩基础图形添加【车削】命令，单击【车削】修改器中的【轴】调整轴向位置，往 X 轴移动，然后在顶视图中观察其位置和大小，如图 3-1-23 所示。

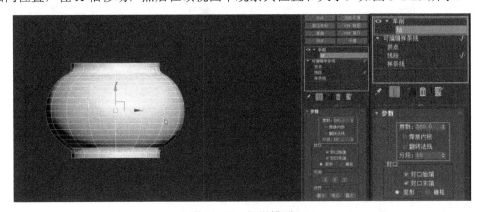

图 3-1-23　柱墩模型

(8) 在【层次】面板中将轴向调整到承重柱底面中心，然后单击【对齐】命令，选择承重柱模型，在【对齐当前选择】面板中勾选【X 位置】和【Y 位置】，并设置当前对象的中心与目标对象的中心对齐，再单击【确定】按钮，如图 3-1-24 所示。

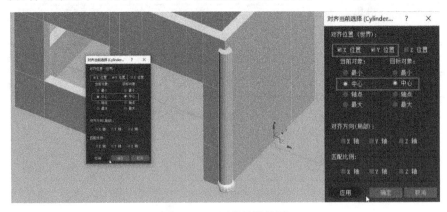

图 3-1-24　调整柱墩位置

(9) 选择柱墩，更改其车削分段为 24，然后回到【顶点】层级，对柱墩执行【圆角】命令，如图 3-1-25 所示。

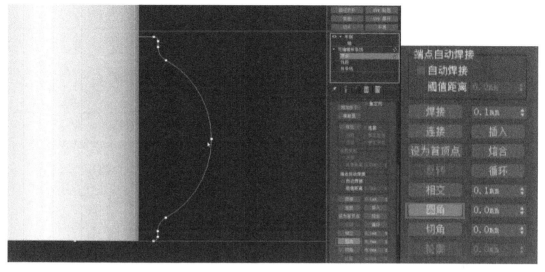

图 3-1-25　柱墩圆角处理

(10) 选择承重圆柱体，将柱子体移动到柱墩上面，在顶视图中检查模型坐标是否在正中心，然后在顶视图中选择柱子和柱墩，单击【镜像】沿 Y 轴方向进行复制，从而完成房屋四角承重柱模型的制作，如图 3-1-26 所示。

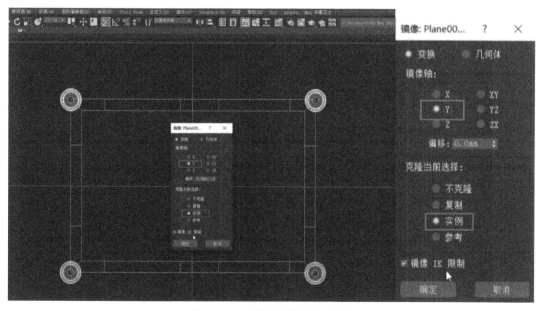

图 3-1-26　制作房屋柱子与柱墩

(11) 调整房屋整体尺寸。先选择上方顶点和【移动】工具，沿 Y 轴调整 100 mm，再选择下方各点，沿 Y 轴方向调整 –100 mm，房屋最终宽度为 3200 mm，如图 3-1-27 所示。

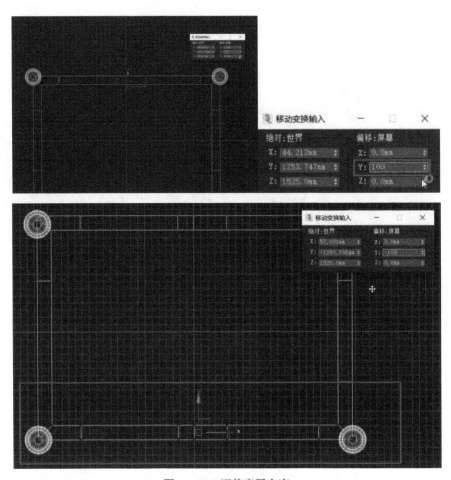

图 3-1-27　调整房屋宽度

(12) 在前视图中选中相应点，沿 Y 轴方向调整 −200 mm，房屋最终高度为 3000 mm，如图 3-1-28 所示。

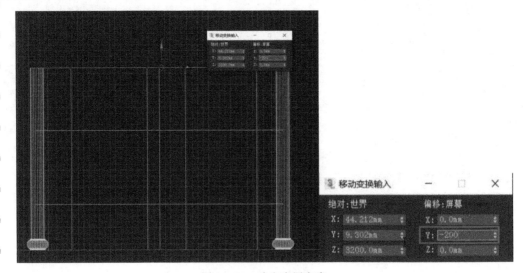

图 3-1-28　确定房屋高度

三、制作石材模型

制作石材模型的步骤如下：

(1) 在【创建】面板的【扩展基本体】中选择【切角长方体】，创建一个切角长方体，然后将其移动到墙体底脚合适的位置，进入【修改】面板，参数设置如图 3-1-29 所示。

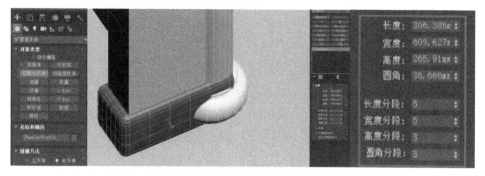

图 3-1-29　制作石材模型

(2) 在石材模型上添加【FFD】修改器，选择【控制点】，然后框选石材对应的控制点来调整其造型，如图 3-1-30 所示。

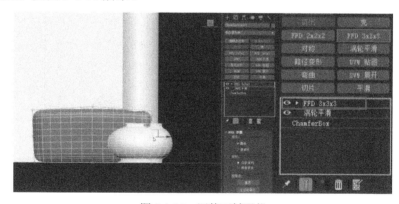

图 3-1-30　调整石材形状

(3) 在前视图中，按住【Shift】键复制石材，然后调整石材高度，并将其放至原石材的上面，再运用【FFD】命令调整石材外形，如图 3-1-31 所示。

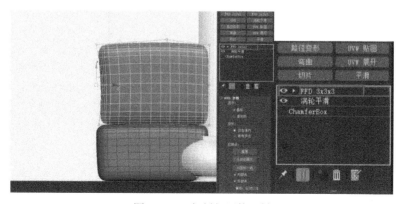

图 3-1-31　复制与调整石材

(4) 在【命令面板】中，选择【名称和颜色】修改石材模型的颜色，如图 3-1-32 所示。

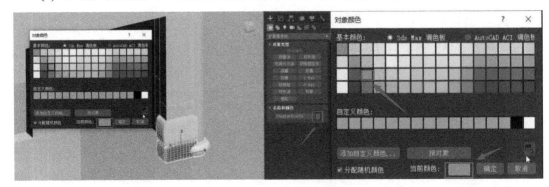

图 3-1-32　修改石材颜色

(5) 选中两块石材，然后按住【Shift】键沿 X 轴拖动鼠标，会出现【克隆选项】对话框，在其中选择【复制】，再单击【确定】按钮，如图 3-1-33 所示。

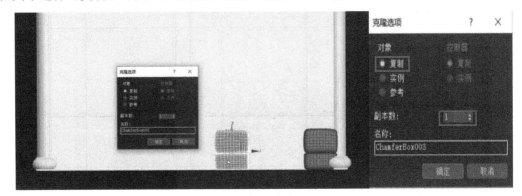

图 3-1-33　横向复制石材

(6) 多次按住【Shift】键和使用【移动】工具，移动并复制出石材，并结合【FFD】命令控制点调整外形的方式制作房屋正面其他石材，如图 3-1-34 所示。注意石材之间的变化，使其美观合理。

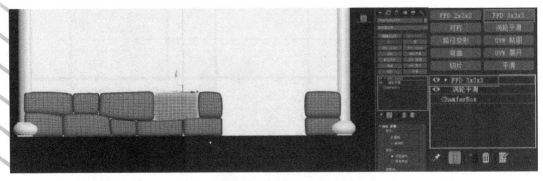

图 3-1-34　制作房屋正面石材

(7) 选中房屋正面石材，在顶视图中按住【Shift】键进行旋转复制，通过旋转 90° 来制作房屋左侧面墙体的石材，并调整石材位置，如图 3-1-35 所示。

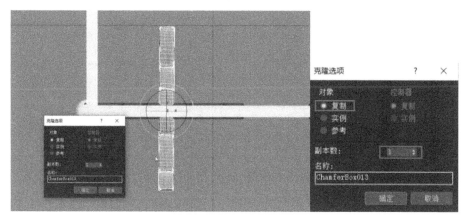

图 3-1-35　制作房屋左侧面石材

(8) 在左视图中，运用【FFD】命令来调整石材的大小，从而达到错落有致的效果，如图 3-1-36 所示。

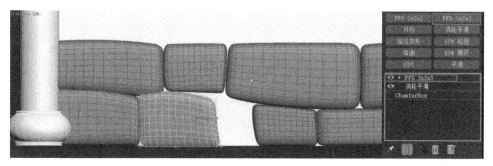

图 3-1-36　修改左侧面墙体石材

(9) 调整柱墩位置，使其与柱子底部对齐。保留门右侧柱子，删除其他 3 根，然后选择柱墩，使用【对齐】命令，单击柱子，在弹出的【对齐当前选择】面板中勾选【X 位置】和【Y 位置】，并选中【当前对象】中的【中心】和【目标对象】中的【中心】，再单击【确定】按钮，将柱墩底部的中心与柱子底部的中心对齐，如图 3-1-37 所示。

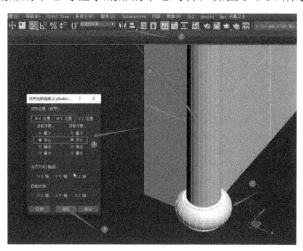

图 3-1-37　柱子与柱墩中心对齐

(10) 选择柱子与柱墩，在工具栏的【坐标系转换】中选择【拾取】坐标系，单击拾取黄色地面的坐标轴，再使用变换坐标中心，参照黄色地面坐标中心，可以发现所选柱子和柱墩的坐标轴已经使用了黄色地面的坐标轴。然后单击【镜像】命令，先沿 Y 轴镜像实例复制，再加选复制出来的柱子拾取地面坐标轴后沿 X 轴镜像复制，从而完成 4 根柱子与柱墩模型的位置调整，如图 3-1-38 所示。

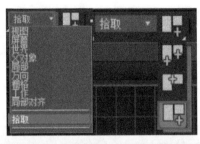

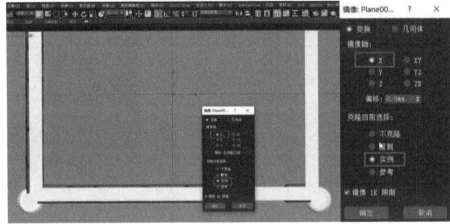

图 3-1-38　修改柱子与柱墩位置

(11) 在【编辑】菜单栏下，单击【选择方式】，再单击【颜色】选项，选择石材模型，减选地面，如图 3-1-39 所示。

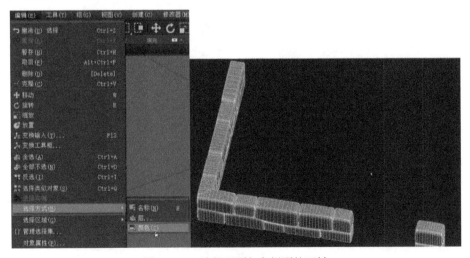

图 3-1-39　选择正面与左侧面的石材

(12) 选择石材后，单击拾取黄色地面坐标，参照并运用黄色地面坐标轴，选择【镜像】命令，从而得到房屋后面与右侧面的石材，再运用【FFD】命令，对石材进行形状和大小的调整，如图 3-1-40 所示。

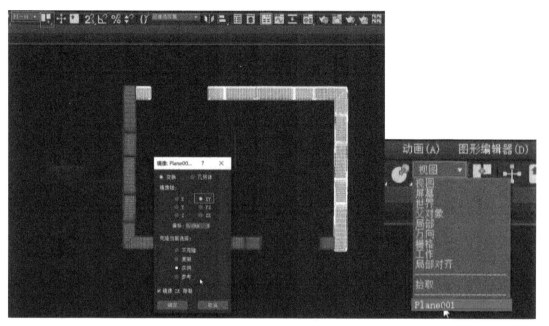

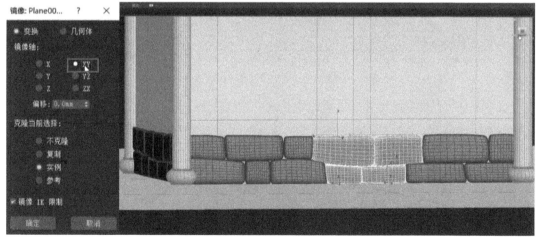

图 3-1-40　制作房屋后面与右侧面石材

(13) 在房屋侧面绘制一个与房屋同宽的矩形，单击右键将矩形转化为可编辑样条线，再选择 4 个点，并单击右键将其转化为角点；选择矩形样条线上端 2 个顶点，单击鼠标右键选择【熔合顶点】，再次单击鼠标右键选择【焊接顶点】，得到的图形如图 3-1-41 所示。

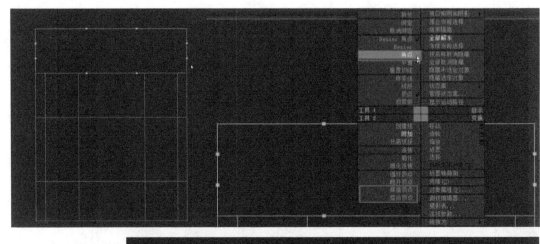

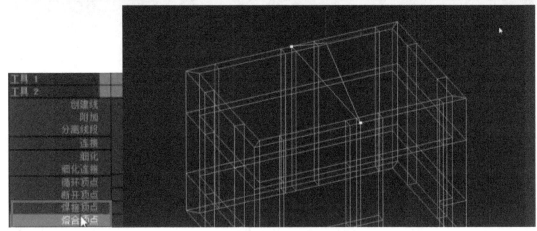

图 3-1-41　修改侧面墙体图形

(14) 选中三角形并添加【挤出】命令，挤出数值为 200 mm，如图 3-1-42 所示。

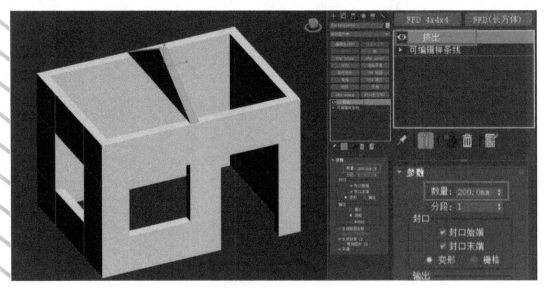

图 3-1-42　制作侧面墙体

(15) 选择三角形墙体，使用【对齐】命令，单击民居的下端墙体，在弹出的【对齐当前选择】面板中勾选【X 位置】，并选择【当前对象】中的【最小】和【目标对象】中的【最小】选项，然后单击【确定】按钮，使三角形墙体和民居主体墙体沿 X 轴左侧对齐，如图 3-1-43 所示。

图 3-1-43　左侧面墙体对齐

(16) 选择三角形墙体，按住【Ctrl + V】键进行原地实例复制，然后使用【对齐】命令对齐民居墙体右侧，在【对齐当前选择】对话框中勾选【X 位置】，选择【当前对象】中的【最大】和【目标对象】中的【最大】选项，再单击【确定】按钮，使复制出的三角形墙体与民居主体墙体沿 X 轴正方向右侧对齐，如图 3-1-44 所示。

图 3-1-44　右侧面墙体对齐

(17) 在前视图中，选中下端墙体的上方顶点，然后使用【移动】工具，按【F12】键打开【移动变换输入】对话框，在右侧坐标栏 Y 轴中输入数值为 –200，使墙体上端顶点向下移动 200 mm，如图 3-1-45 所示。

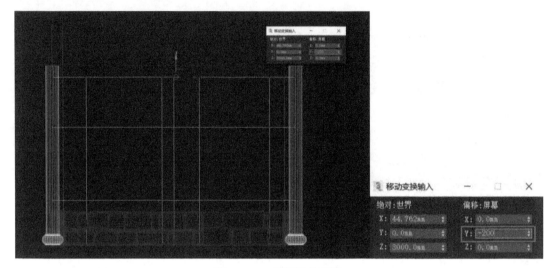

图 3-1-45　调整墙体高度

四、制作房屋木枋结构

制作房屋木枋结构的步骤如下：

(1) 孤立显示房屋主体，沿房屋正面长度方向创建线，并添加【挤出】修改器，挤出 200 mm，如图 3-1-46 所示，再添加【壳】修改器，将参数内部量设置为 230 mm，外部量设置为 30 mm，将长方体捕捉至房屋墙面上方，并使之对齐作为房屋木枋结构。

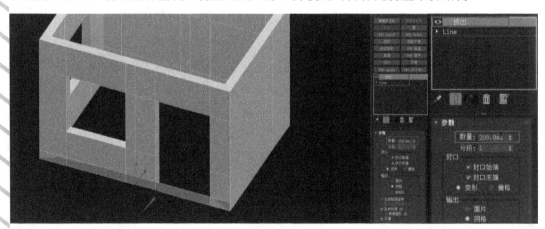

图 3-1-46　房屋木枋结构

(2) 选择木枋拾取黄色地面坐标轴，再使用变换坐标中心，单击【镜像】命令，沿 Y 轴镜像实例复制，如图 3-1-47 所示。

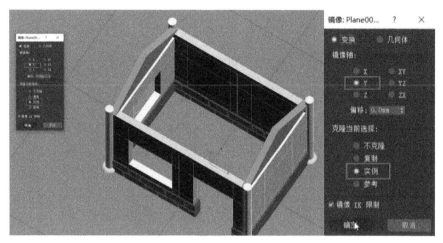

图 3-1-47　制作房屋木枋结构

(3) 选择一根木枋，按住【Shift】键，使用【旋转】工具旋转复制出木枋副本模型，并调整副本位置。然后选择捕捉到三角形墙体的中点，将木枋的长度调整为超出山墙 (该民居建筑左右两侧的墙体) 长度两端各 100 mm，如图 3-1-48 所示。

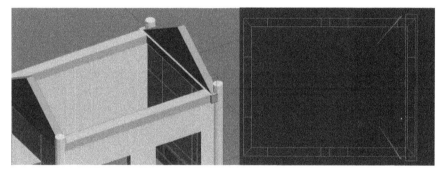

图 3-1-48　调整山墙中间木枋

(4) 选中木枋，在顶视图中按住【Shift】键将木枋复制到左侧，结合【捕捉】工具沿 X 轴负方向移动，使木枋 X 轴的中心与左侧山墙的中轴线对齐，如图 3-1-49 所示。

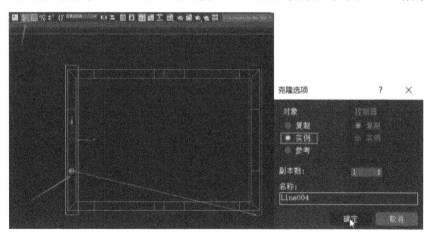

图 3-1-49　制作房屋山墙木枋

(5) 选中柱子,添加【编辑多边形】修改器,然后选择柱子上端顶点,调整柱子上端顶点,捕捉到木枋上端位置,并与之对齐,如图 3-1-50 所示。

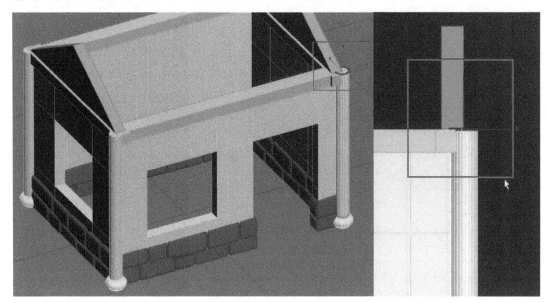

图 3-1-50　调整柱子高度

(6) 民居整体框架效果如图 3-1-51 所示。

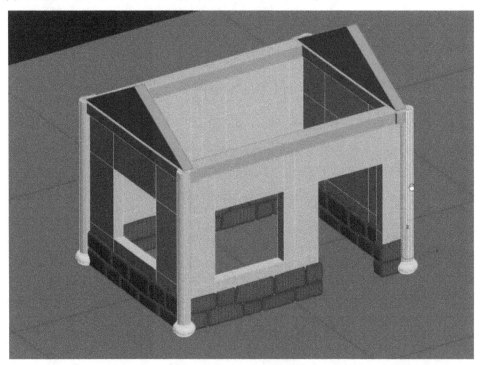

图 3-1-51　民居整体框架

(7) 选择房屋山墙三角形墙体的一个面,选择【分离】,然后在弹出的对话框中选择【分离为克隆】,如图 3-1-52 所示。

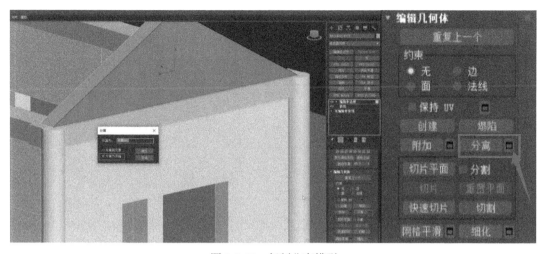

图 3-1-52　复制分离模型

(8) 得到面片后，单击【面】层级，再单击鼠标右键选择【插入】命令，输入数值为 150 mm，如图 3-1-53 所示。

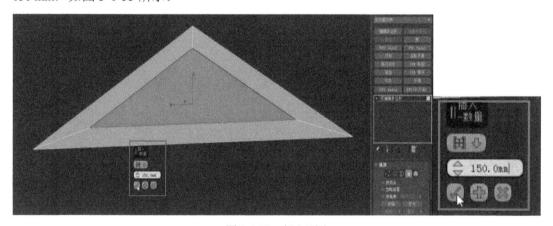

图 3-1-53　插入面片

(9) 选择三角形下端面片，然后单击右键选择【快速切片】命令，并结合【捕捉】命令，沿斜线捕捉并切片，分割多余的小三角面，再移除图 3-1-54 中圈选的边。

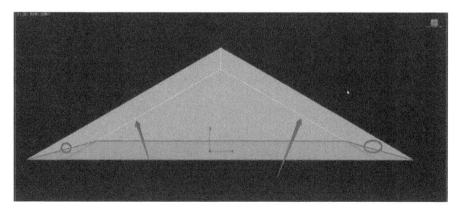

图 3-1-54　分割多余的小三角面

(10) 选择并删除选中的两个面，如图 3-1-55 所示。

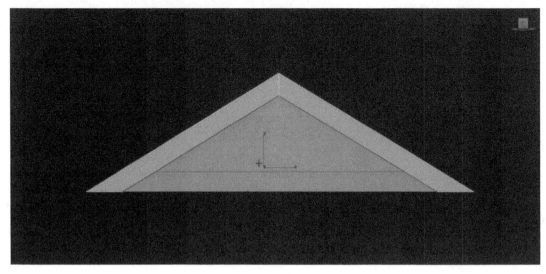

图 3-1-55　删除面片

(11) 给删除后的面片添加【壳】命令，设置内部量为 230 mm，外部量为 30 mm，如图 3-1-56 所示。

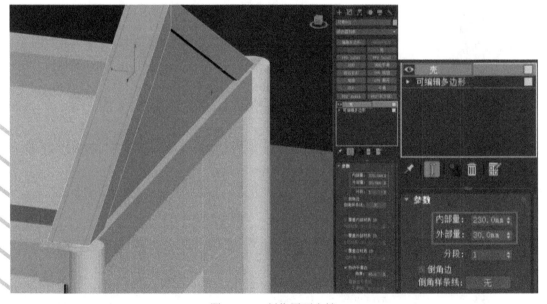

图 3-1-56　制作屋顶支撑

(12) 单击渲染栏，选择环境，将环境光改为黑色。然后选中木枋及梁，选择材质球，取名为木质，调整材质颜色为棕色；选中整体墙面，给墙面设置灰白色材质；选中地面，为其设置灰色材质；选中柱子，为其设置红棕色材质，如图 3-1-57 所示。

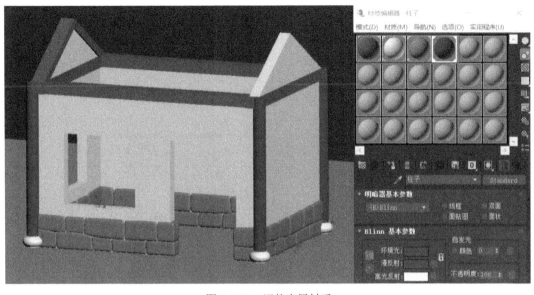

图 3-1-57　调整房屋材质

(13) 在菜单栏中单击【编辑】菜单，然后在【选择方式】中单击【颜色】选项，再单击石材，减选地面，此方式选中了所有石材，将石材材质颜色调整为青色，将柱墩材质颜色调整为偏青色，如图 3-1-58 所示。

图 3-1-58　调整石材颜色

五、制作房梁模型

制作房梁模型的步骤如下：

(1) 在左视图中绘制矩形，将长度设置为 300 mm，宽度设置为 150 mm，制作房梁，如图 3-1-59 所示。

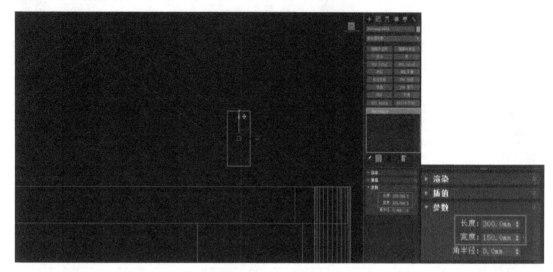

图 3-1-59　绘制房梁图形

(2) 按住【Shift】键复制房梁图形到右侧及屋脊，再使用【捕捉】工具，使其与屋脊对齐，选中房梁图形，然后单击右键将其转换为可编辑样条线，再将 3 个房梁图形附加在一起，如图 3-1-60 所示。

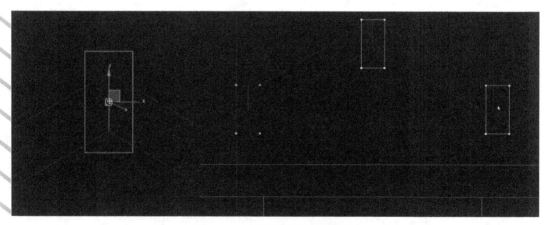

图 3-1-60　复制并附加房梁图形

(3) 在完成 3 根房梁基础图形制作后，对 3 根房梁添加【挤出】修改器，设置数量为 2620.5 mm，单击【对称】命令，创建出如图 3-1-61 所示的房梁模型。

图 3-1-61　制作房梁模型

(4) 在左侧视图中，添加【编辑多边形】修改器，选择【元素】层级，单击【切片】命令，再单击【快速切片】命令，勾选【分割】，然后结合【捕捉】工具来捕捉切面上的点，从而切掉超出房顶的部分，如图 3-1-62 所示。

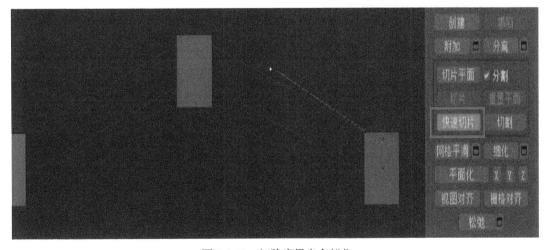

图 3-1-62　切除房梁多余部分

(5) 选择上端元素，删除切割部分，效果如图 3-1-63 所示。

图 3-1-63　切割并删除多余房梁元素

(6) 选择房梁的边界，单击右键选择【封口】命令进行封口，然后检查有无两点重合在同一位置，如果有，则选中重复的点，并单击【塌陷】命令，如图 3-1-64 所示。

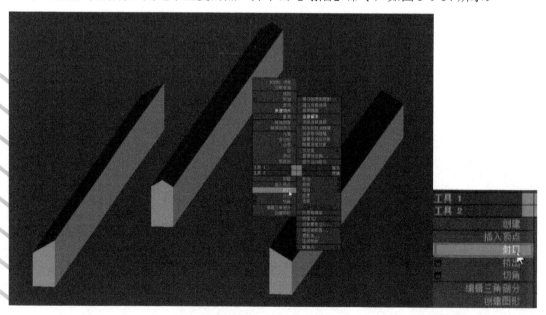

图 3-1-64　房梁边界封口

(7) 选中房梁上端的 2 个顶点，单击右键选择【连接】命令，连接顶点，如图 3-1-65 所示。

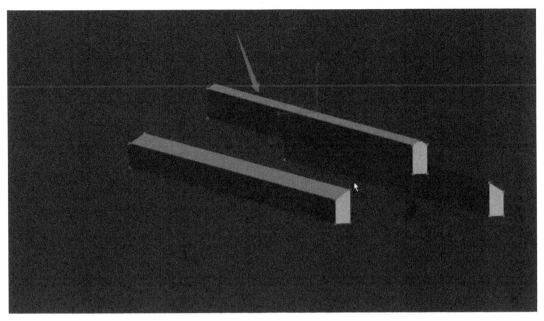

图 3-1-65　连接顶端边

六、制作瓦片、瓦当等模型

制作瓦片、瓦当等模型的步骤如下：

(1) 在房屋模型旁边创建瓦片，首先绘制一个矩形，长度设置为 50 mm，宽度设置为 200 mm，选择【弧】命令，在矩形上捕捉矩形的顶点和中点绘制出一条弧形，然后进入【修改】面板，将弧形插值中的步数设置为 3，如图 3-1-66 所示。

民居屋顶瓦片、瓦当中模制作

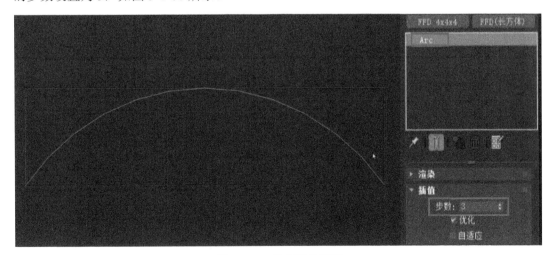

图 3-1-66　绘制瓦片弧形

(2) 按下【Ctrl＋V】键原地复制弧线，然后选择【移动】工具，按【F12】键打开【移动变换输入】对话框，在右侧 Y 轴的输入框中输入 15，如图 3-1-67 所示。

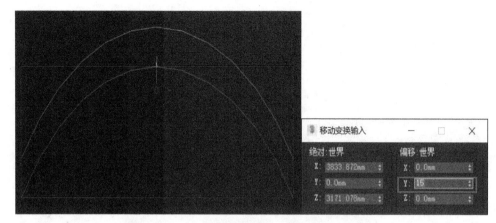

图 3-1-67 复制与调整弧形间距作为瓦片的厚度

(3) 单击右键将弧线转化为可编辑样条线，再单击右键选择【附加】命令，将两条弧线附加到一起，然后删除辅助图形矩形，如图 3-1-68 所示。

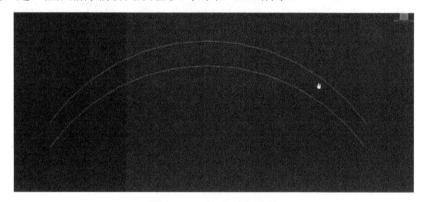

图 3-1-68 修改瓦片图形

(4) 单击右键选择【连接】命令，连接弧线两端的点，使两条弧线形成封闭图形，再添加【挤出】修改器，挤出数量为 -250 mm，将其作为瓦片的长度，如图 3-1-69 所示。

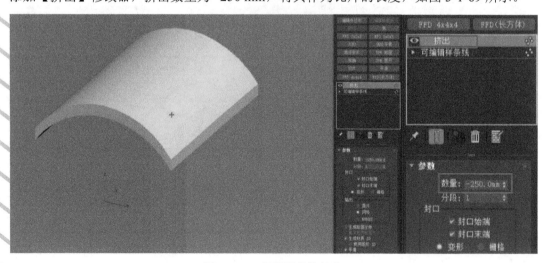

图 3-1-69 调整瓦片的长宽

(5) 添加【编辑多边形】修改器，进入【多边形面】层级，选择瓦片的前后两个面并删除，然后框选前面边界，并切换到【边】层级，减选左右两侧的边，再单击【桥】命令，瓦片后方的面使用相同的方法桥接，如图 3-1-70 所示。

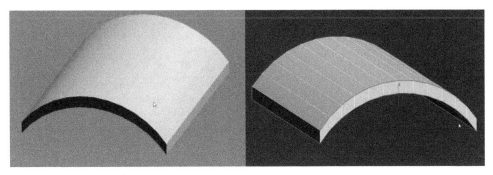

图 3-1-70　桥接瓦片前后面

(6) 双击选择瓦片下面的一圈循环边，然后按住【Ctrl】键并双击加选上面的循环边和 4 条竖向垂直边，如图 3-1-71 所示。

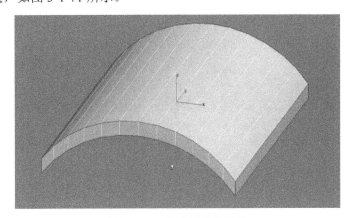

图 3-1-71　选中瓦片转角边

(7) 单击右键选择【切角】命令，设置切角宽度为 3 mm，添加线段数为 3，单击确定，如图 3-1-72 所示。

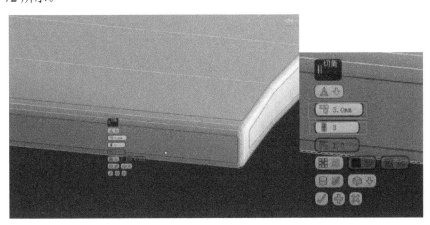

图 3-1-72　添加切角

(8) 框选沿瓦片长度方向的线段,单击右键选择【连接】命令连接 3 段线,如图 3-1-73 所示。

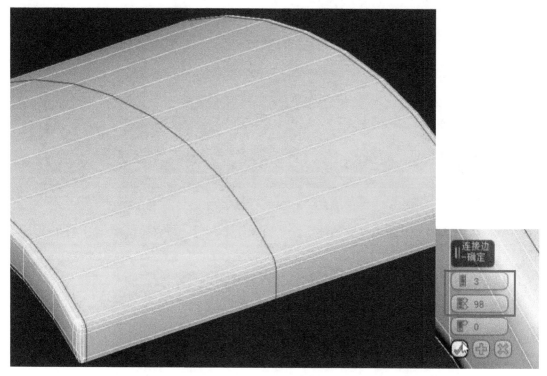

图 3-1-73　处理瓦片边缘卡线

(9) 给瓦片添加【涡轮平滑】修改器,使其整体更加光滑,如图 3-1-74 所示。

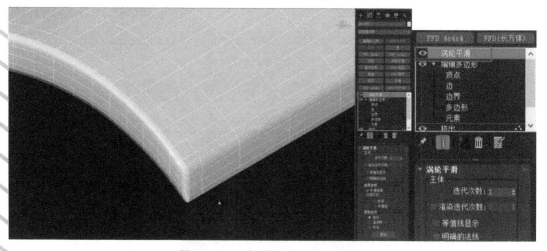

图 3-1-74　添加【涡轮平滑】修改器

(10) 原地复制瓦片,将【涡轮平滑】【编辑多边形】与【挤出】等修改器删除,只留下【可编辑样条线】,选择瓦片下端的 2 个点,并往下移动。然后选择样条线两侧的线段,单击右键选择【线】命令,将曲线转化为直线,如图 3-1-75 所示。

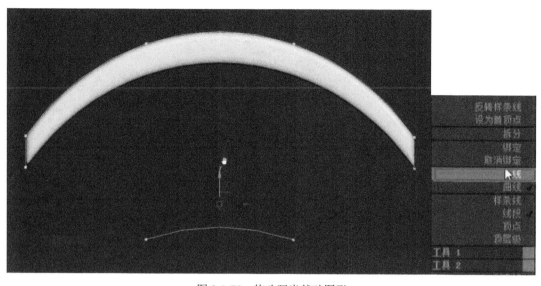

图 3-1-75　修改瓦当基础图形

(11) 选择弧线下端的 2 个点，然后单击工具栏中的使用选择坐标中心，使其坐标轴变为 2 个顶点公共的中心，再使用【移动】和【缩放】等工具调整瓦当图形，如图 3-1-76 所示。

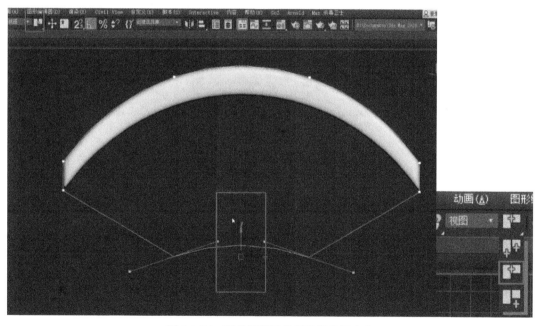

图 3-1-76　顶点调整时使用选择坐标中心

(12) 给瓦当图形添加【挤出】命令，挤出数值为 20 mm，然后在瓦当上添加【编辑多边形】修改器，选择竖向边，单击右键选择【连接】命令，在瓦当厚度中间添加连接线，如图 3-1-77 所示。

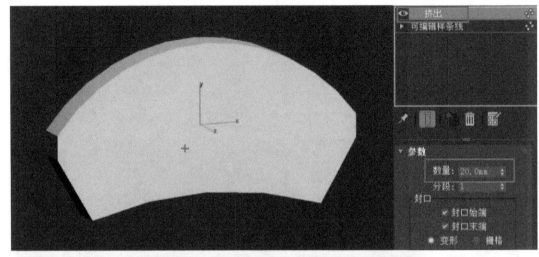

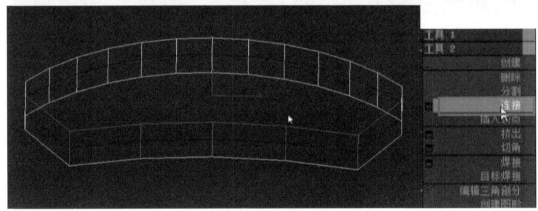

图 3-1-77　在瓦当厚度方向添加连线

(13) 在前视图中进入【面】层级，选择瓦当前部面，单击右键选择【插入】命令，插入的边数值为 10，如图 3-1-78 所示。

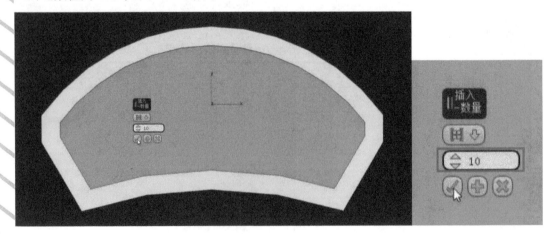

图 3-1-78　沿内侧插入面

(14) 使用【倒角】命令，设置倒角高度为 −5 mm，倒角轮廓为 −3 mm，如图 3-1-79 所示。

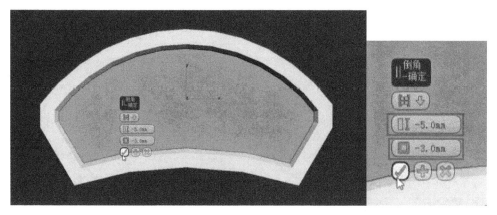

图 3-1-79　处理面倒角

(15) 调整布线。分别框选需要添加竖向连线的每一组横线，然后单击右键选择【连接】命令，画出竖向边，如图 3-1-80 所示。

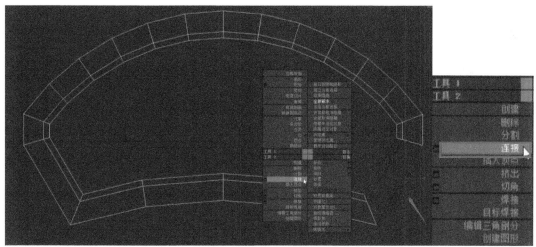

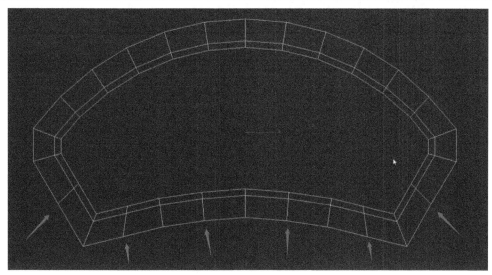

图 3-1-80　添加连接线

(16) 在【顶点】层级中选择对应的上下点,单击【连接】命令将点进行连接,如图 3-1-81 所示。

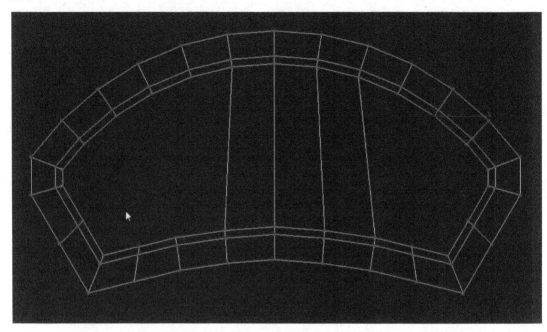

图 3-1-81　连接中心线周围部分的上下顶点

(17) 进入【面】层级,删除瓦当模型中心线右侧面和背面,如图 3-1-82 所示。

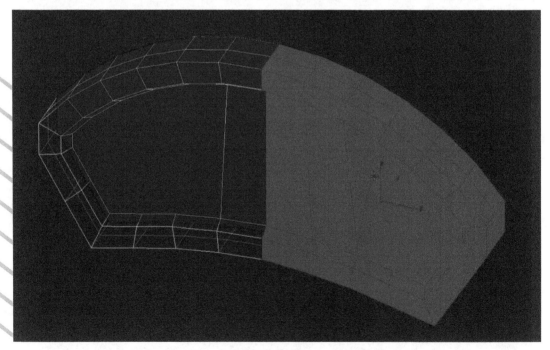

图 3-1-82　删除瓦当中心线右侧面及背面

(18) 选择对应点,单击右键选择【连接】,将模型中的上下点进行连接,布线为四边面,如图 3-1-83 所示。

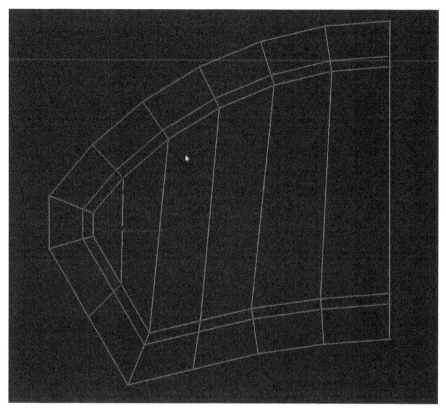

图 3-1-83　瓦当模型布线

(19) 选中模型，选择【对称】修改器，然后勾选【翻转】选项，得到瓦当整体模型，如图 3-1-84 所示。

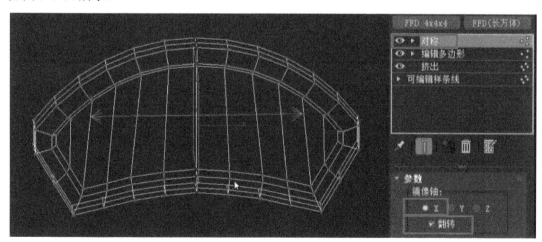

图 3-1-84　对称翻转得到完整瓦当正面模型

(20) 添加【编辑多边形】修改器，在顶视图中选择中间的顶点，再次添加【对称】修改器，选择 Z 轴，如图 3-1-85 所示。

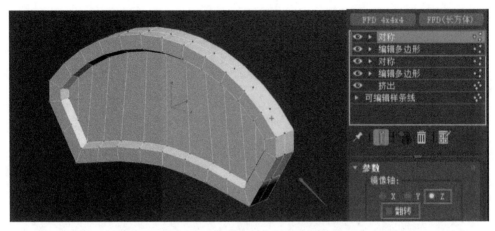

图 3-1-85 对称制作瓦当前后面

(21) 单击右键将瓦当模型转化为可编辑多边形，再添加【涡轮平滑】修改器，观察瓦当大概的外形，如图 3-1-86 所示。

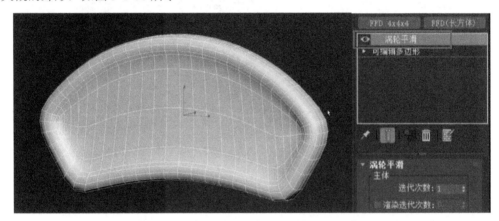

图 3-1-86 瓦当外形

(22) 对瓦当进行卡边处理，选择转角循环边，然后单击右键选择【切角】命令，设置切角数值为 1 mm，段数为 1，单击确定，如图 3-1-87 所示。

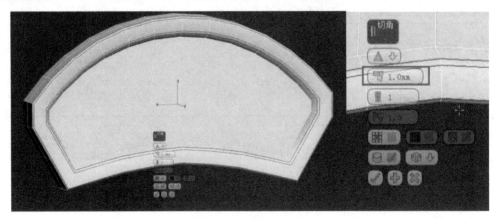

图 3-1-87 瓦当模型边缘切角

(23) 选择瓦当前面内侧中间的一圈边进行切角，设置切角数值为 0.2 mm 左右，如图 3-1-88 所示。

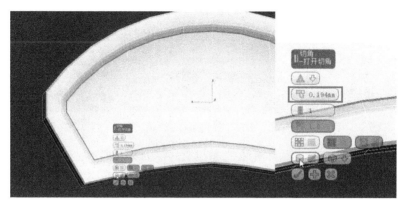

图 3-1-88　为瓦当内圈进行切角

(24) 双击并加选瓦当两边的转角线段进行切角，设置切角数值为 0.5 mm，如图 3-1-89 所示。

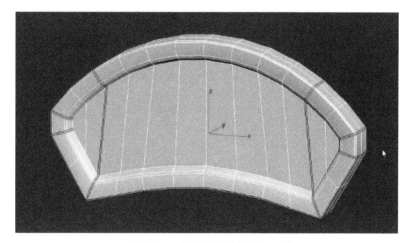

图 3-1-89　为瓦当转角处进行切角

(25) 增加横向连线，添加【涡轮平滑】修改器，完成瓦当模型制作，如图 3-1-90 所示。

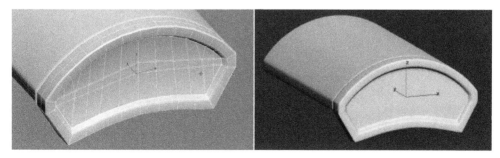

图 3-1-90　瓦当成品模型

(26) 选择瓦片，然后使用【镜像】工具沿 Z 轴复制瓦片，并将得到的瓦片移动到原瓦片的右侧，如图 3-1-91 所示。

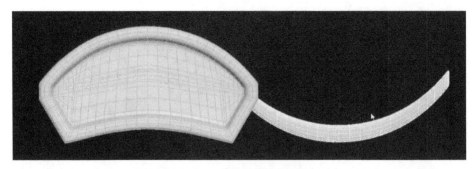

图 3-1-91　镜像复制瓦片模型

(27) 克隆复制下方瓦片，删除样条线上的所有修改器，将样条线下端的两点向下拉，选择形成的左右两侧曲线，单击右键将其转换为直线，如图 3-1-92 所示。

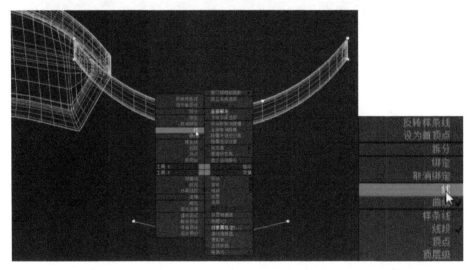

图 3-1-92　将曲线转换为直线

(28) 将捕捉开关打开，在下端的 3 条线段上添加中点，并选择两个点沿 X 轴往外扩，再选择最低点向 Y 轴负方向调整，然后单击右键将曲线转化为直线，如图 3-1-93 所示。

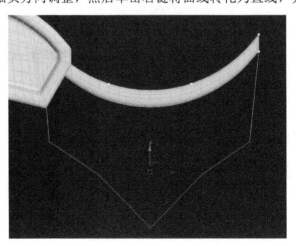

图 3-1-93　绘制滴水图形

(29) 选中滴水下端中间点左右两侧的 4 个顶点，然后单击右键将其转换为角点，进行切角处理，切到均匀的位置，如图 3-1-94 所示。

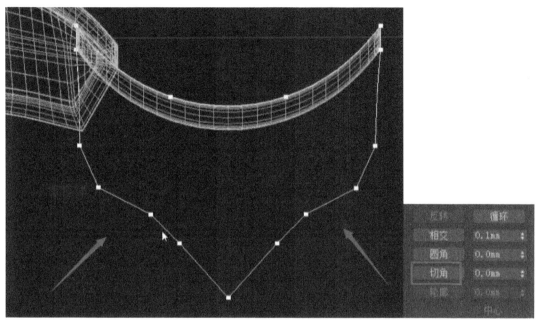

图 3-1-94　下端各顶点切角处理

(30) 为调整好的滴水图形添加【挤出】修改器，挤出数量为 20 mm，如图 3-1-95 所示。

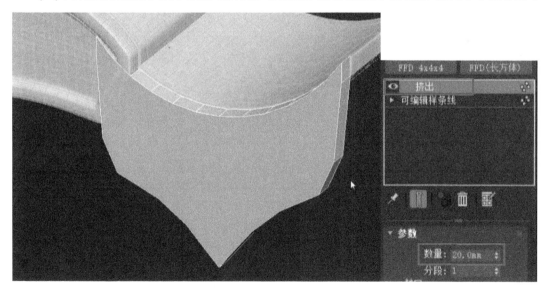

图 3-1-95　挤出滴水模型厚度

(31) 添加【编辑多边形】修改器，选择滴水中间点进行连接，将滴水右侧的一半面删除，然后选择竖向环形边，使用【连接】命令在模型中间添加一条连接线，如图 3-1-96 所示。

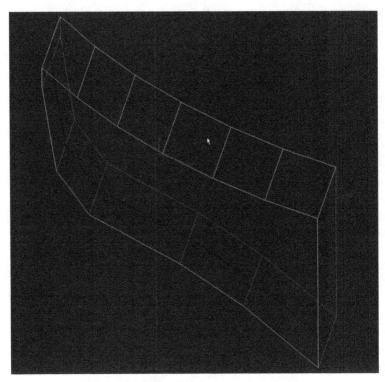

图 3-1-96　删除右侧半边模型并添加连接线

(32) 选中模型，添加【对称】命令，将模型转化为可编辑多边形，然后选择滴水正前方的面，单击【插入】命令，输入数值为 10 mm，调整顶点交叉位置，如图 3-1-97 所示。

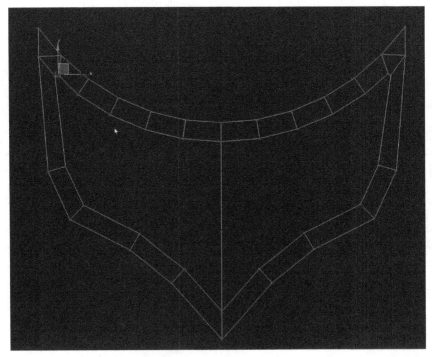

图 3-1-97　插入面调节交叉点

(33) 删除滴水右侧一半面,然后在左上方框选竖向的两条最长边,单击右键使用【连接】命令添加连接线,如图 3-1-98 所示。

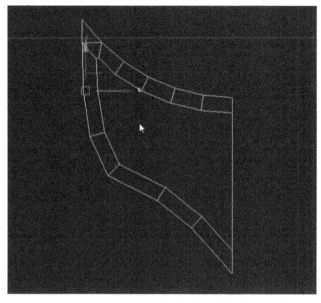

图 3-1-98　添加连接线

(34) 在【顶点】层级中,单击右键选择【连接】命令,将各点进行连接,如图 3-1-99 所示。

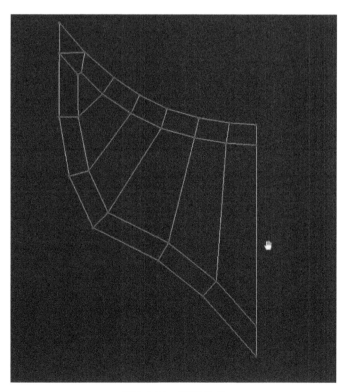

图 3-1-99　连接各点

(35) 调整左侧上端顶点的布线方式，增加横向、竖向连接线，并进行卡线处理，如图 3-1-100 所示。

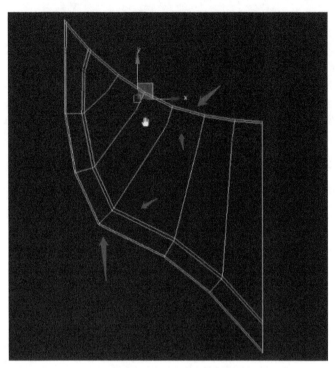

图 3-1-100　增加连接线

(36) 单击【对称】命令，选择 X 轴翻转，然后添加【编辑多边形】修改器，选择滴水内侧面，再单击【倒角】命令，输入数值为 -5 mm、-2，如图 3-1-101 所示。

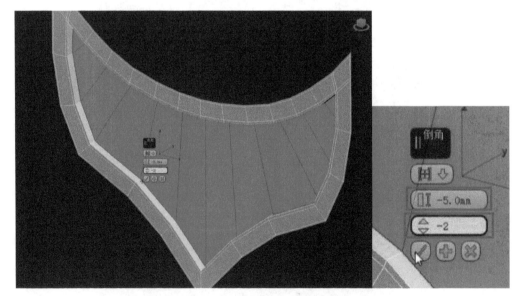

图 3-1-101　选中内侧面向内倒角

(37) 选中内圈边，单击右键选择【切角】命令，进行少量切角，如图 3-1-102 所示。

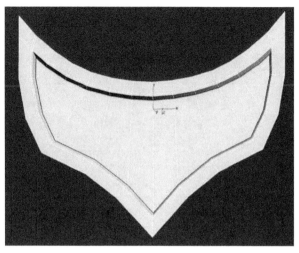

图 3-1-102　内圈边切角处理

(38) 给模型整体添加【涡轮平滑】修改器，滴水模型就完成了，如图 3-1-103 所示。

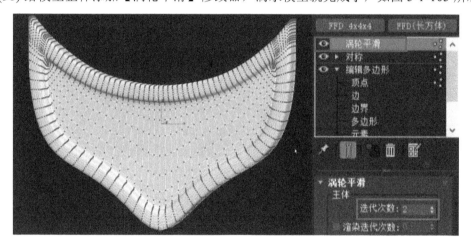

图 3-1-103　滴水模型

(39) 一个单位的瓦片、瓦当、滴水模型制作完成，如图 3-1-104 所示。

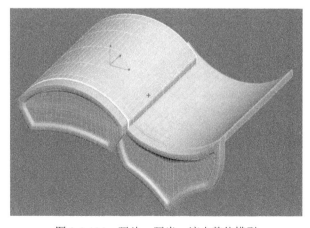

图 3-1-104　瓦片、瓦当、滴水整体模型

(40) 在前视图中选择两片瓦片，按住【Shift】键并向上移动，复制两块瓦片到原瓦片之上，在透视图中沿 Y 轴平移，使瓦片叠放在合适的位置，如图 3-1-105 所示。

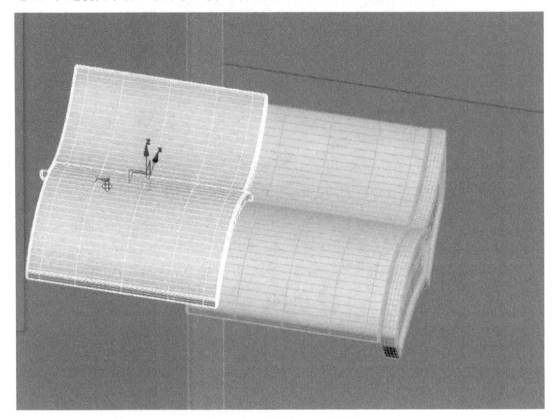

图 3-1-105　制作上方瓦片叠放

(41) 在左视图中选择后面两片瓦片，按住【Shift】键并移动捕捉瓦片高点进行连续复制，复制数量设置为 10，如图 3-1-106 所示。

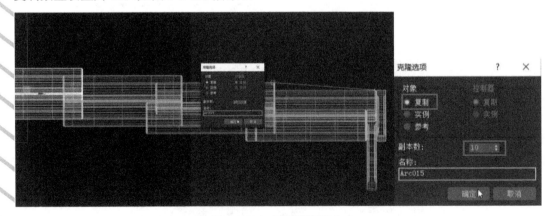

图 3-1-106　连续复制瓦片

(42) 微调瓦片长短，使其有差别，有长的、有短的、有略微倾斜的，以此增加层次感，如图 3-1-107 所示。

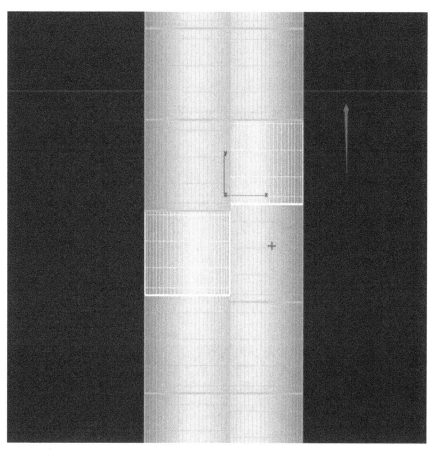

图 3-1-107　微调瓦片大小及位置

(43) 将调整好的瓦片模型，在前视图中沿 X 轴水平向右移动捕捉瓦当中点连续复制 20 次，如图 3-1-108 所示。

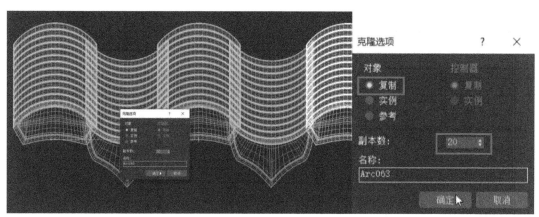

图 3-1-108　在前视图中沿 X 轴向右水平复制

(44) 删除多余的最右侧一列瓦片，然后将全部瓦片整体移动至房顶上，侧面旋转相应的角度观察其整体大小是否合适，在整体瓦片大小和个数合适后撤销返回到移动前的操作，再微调单个瓦片的位置和大小，如图 3-1-109 所示。注意不能漏空。

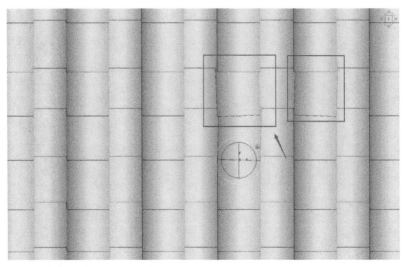

图 3-1-109　调整整体瓦片大小及微调单瓦片

(45) 选中所有瓦片，单击【实用程序】面板，选择【塌陷】命令，塌陷选定瓦片为一个整体，如图 3-1-110 所示。

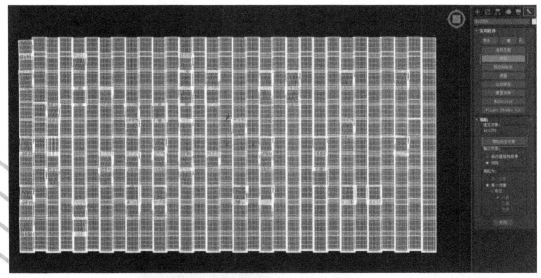

图 3-1-110　塌陷瓦片模型

(46) 给瓦片整体添加一个灰色的材质，如图 3-1-111 所示。

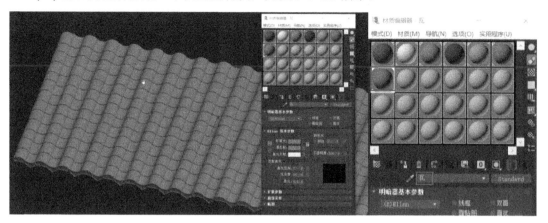

图 3-1-111 给瓦片添加材质

(47) 在瓦片底部创建矩形望板，并调整其大小与瓦面一致，如图 3-1-112 所示。

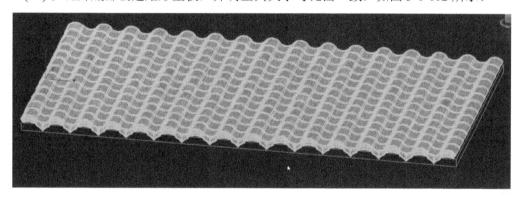

图 3-1-112 在瓦片底部增加望板

(48) 在左视图中选择望板侧面的 4 条边，单击右键选择【连接】命令，输入数值为13，添加段数以便于后期制作出弧度；然后在前视图中框选正面所有横向的边，选择【连接】命令，先连接两条调整捕捉对齐到左右两端瓦片中间，便于中间竖向均匀分段；再次框选前端横向边的中间部分，选择【连接】命令，设置数值为 29，添加的竖向分段已对齐瓦当中线，如图 3-1-113 所示。

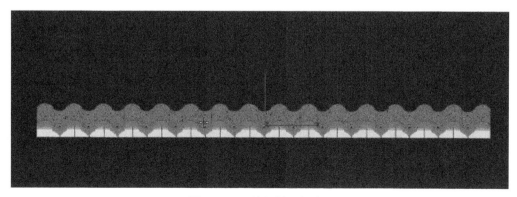

图 3-1-113 给望板添加分段

(49) 给望板赋予灰白色材质，如图 3-1-114 所示。

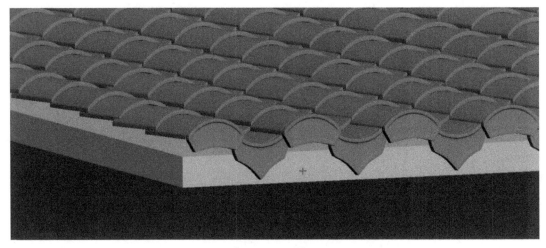

图 3-1-114　赋予望板材质

(50) 在左视图中绘制矩形，用它作为挡板基础图形，将其长度设置为 150 mm，宽度设置为 30 mm，比望板要宽一些，如图 3-1-115 所示。

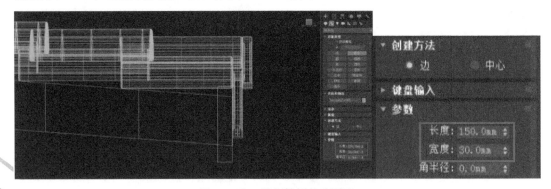

图 3-1-115　绘制挡板基础图形

(51) 给挡板图形添加【挤出】修改器和【编辑多边形】修改器，以便调整挡板长度；然后框选正面横边，单击右键选择【连接】命令，先添加 2 条线段，拖动捕捉位置对齐到左右两侧瓦当中线，再框选中间横边，设置连接线段数值为 29，如图 3-1-116 所示。

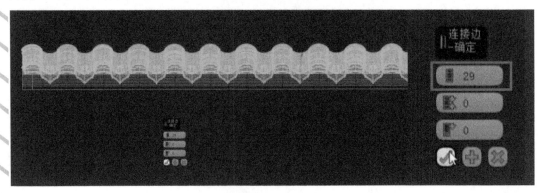

图 3-1-116　制作挡板模型并添加分段

三维数字模型制作与渲染（微课版）

(52) 为挡板赋予红棕色木质材质，如图 3-1-117 所示。

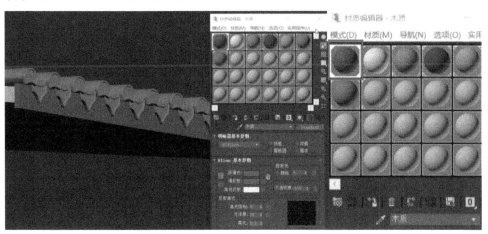

图 3-1-117　赋予挡板材质

(53) 选择望板四侧的面，单击【分离】，分离复制望板的 4 个侧面，如图 3-1-118 所示。

图 3-1-118　分离复制望板的 4 个侧面

(54) 删除其他 3 个方向的面，只留下左侧面做方椽，将侧面高度调整为 100 mm；然后添加【壳】命令，增加其厚度，输入数值为 100 mm，在左视图中将方椽的顶点对准挡板的顶点，如图 3-1-119 所示。

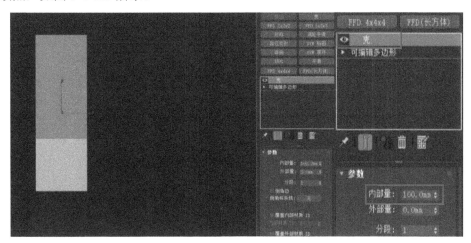

图 3-1-119　制作方椽

(55) 在前视图中将方椽中心沿 X 轴对齐到挡板线段的中心，如图 3-1-120 所示。

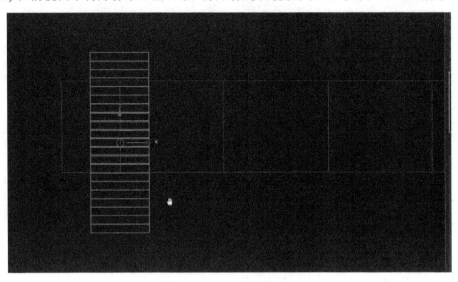

图 3-1-120　方椽模型对齐

(56) 在前视图中，按住【Shift】键沿 X 轴向右移动进行复制，输入数值为 30，对齐挡板竖向分段线，删除右侧多余的方椽，如图 3-1-121 所示。

图 3-1-121　横向复制方椽

(57) 赋予方椽棕褐色木质材质，如图 3-1-122 所示。

图 3-1-122　赋予方椽材质

(58) 将瓦片、瓦当、滴水、望板、挡板、方椽等构件全选成组，将组放置到屋顶前面的坡屋面上，在顶视图中对齐到房屋水平中点；然后在左视图中旋转组，角度为 25° 左右，调整好屋顶位置；再添加【切片】修改器，选择【切片平面】，并将切片平面转正，捕捉到侧面梁的竖向中线位置，然后选择【移除顶部】，可以发现右侧多余的部分已被移除，如图 3-1-123 所示。

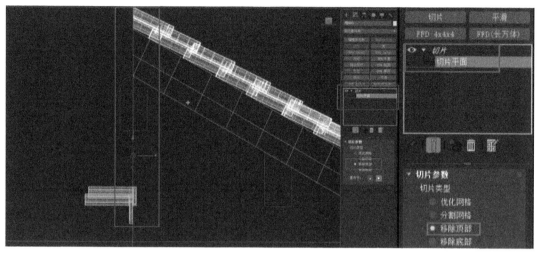

图 3-1-123　调整屋顶位置并移除房屋顶部多余结构

七、制作屋脊、飞檐模型

制作屋脊、飞檐模型的步骤如下：

(1) 选择屋顶组，单击【镜像】命令，选择以 Y 轴镜像，实例复制出后侧屋顶，然后选择前侧屋顶，并添加【FFD】修改器，将屋顶调整出一定的弧度，如图 3-1-124 所示。

民居屋脊、飞檐制作

图 3-1-124　制作屋顶模型

(2) 绘制矩形作为参照，单击创建线，在矩形中勾出屋脊剖面线，并调整顶点位置；然后单击右键将所有顶点都转换成角点，如图 3-1-125 所示。

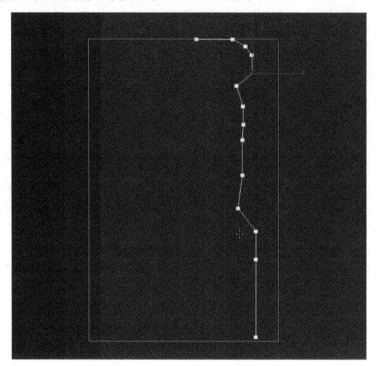

图 3-1-125　制作屋脊剖面图

(3) 将中间点进行连接，使图形闭合，从而完成屋脊剖面图形，然后添加【挤出】命令，调整好位置，再添加【对称】修改器，沿 X 轴翻转，制作屋脊，如图 3-1-126 所示。

图 3-1-126　屋脊模型

(4) 创建屋脊材质，颜色设置为青灰色，如图 3-1-127 所示。

图 3-1-127　赋予屋脊材质

(5) 旋转复制屋脊到左侧，然后选择【样条线】级别，并删除部分顶点，调整飞檐剖面图形，再返回到【挤出】命令，将模型旋转到与屋顶角度一致，如图 3-1-128 所示。

图 3-1-128　制作飞檐模型

(6) 将模型长度调整到与屋顶侧面长度一致，然后添加【编辑多边形】修改器，在【边】层级使用【连接】命令添加长度方向分段，再运用【FFD】命令调整造型，调整之后，单击右键将其转化为可编辑多边形，如图 3-1-129 所示。

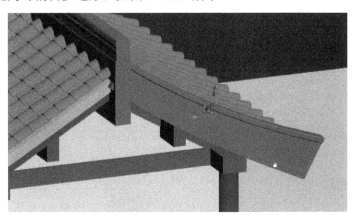

图 3-1-129　调整飞檐弧度

(7) 进入【元素】层级,单击右键选择【快速切片】命令,切去多余的模型,如图 3-1-130 所示。

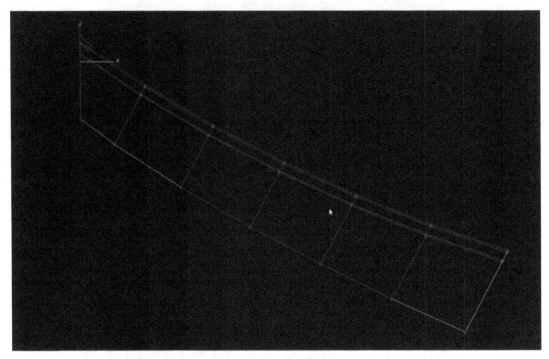

图 3-1-130 切除多余模型

(8) 选中模型正面,单击【倒角】命令,输入数值为 10 mm、-5,如图 3-1-131 所示。

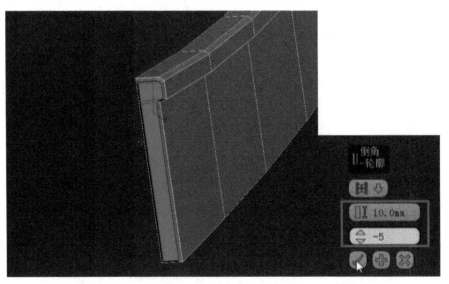

图 3-1-131 将飞檐正面倒角

(9) 添加【对称】修改器,沿 X 轴方向对称,然后进入【边】层级选择沿飞檐长度方向的所有环形线,单击右键选择【挤出】命令,输入数值为 -14 mm 与 7.9 mm,再单击右键选择【切角】命令,输入数值为 1.67 mm,如图 3-1-132 所示。

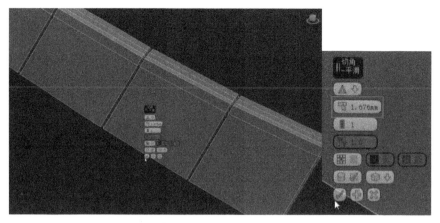

图 3-1-132　制作凹陷效果

(10) 选中如图 3-1-133 所示的线段，单击右键选择【切角】命令，卡出边线模型。

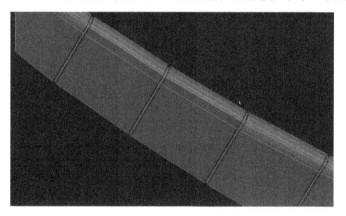

图 3-1-133　卡出边线模型

(11) 将模型转角边和重点结构边都连接循环边，然后做卡线处理进行加固，最后添加【涡轮平滑】修改器，如图 3-1-134 所示。

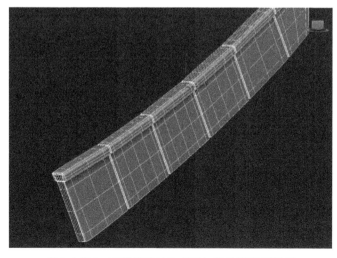

图 3-1-134　飞檐模型结构卡线加涡轮平滑后效果

(12) 修改房梁模型尺寸。选择房梁进入【多边形】层级，然后选择面，再单击鼠标右键选择【快速切片】命令切除下端房梁多余部分，如图 3-1-135 所示。

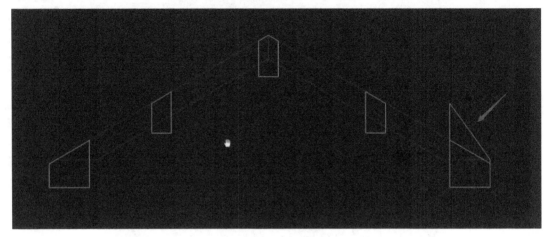

图 3-1-135　调整房梁尺寸

(13) 使用制作飞檐中模的方法来制作屋脊中模。选中房顶正脊并为其添加竖向连接线，然后删除右侧一半模型，再将左侧一段模型边选择后添加【FFD】命令，调整模型形状，待对称后再做细化卡线处理。屋脊翘脚制作方式与屋顶飞檐制作方式相同，如图 3-1-136 所示。

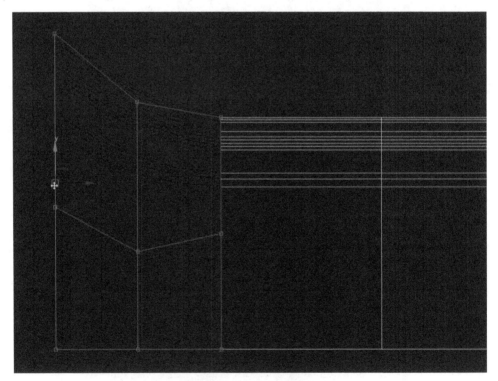

图 3-1-136　制作屋脊翘脚

(14) 民居框架模型如图 3-1-137 所示。

图 3-1-137　民居框架模型

八、制作窗框、窗扇模型

制作窗框、窗扇模型的步骤如下：

(1) 制作窗台模型。在房屋正面沿窗框底面画一条线，然后添加【挤出】修改器，挤出厚度为 300 mm，再添加【壳】命令，设置内部量为 100 mm，将模型移动到窗框底部中心位置，然后再添加【编辑多边形】修改器，选择两端的面，执行【挤出】命令，将两端均挤出 100 mm 的宽度，如图 3-1-138 所示。

民居窗框、窗扇
中模制作

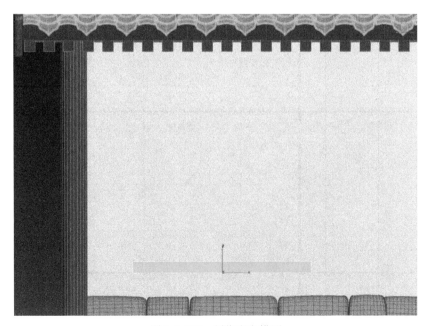

图 3-1-138　制作窗台模型

(2) 制作窗框模型。沿着窗框线捕捉绘制矩形，单击右键将其转化为可编辑样条线，然后选择矩形线框下方线段并将其删除，再添加【挤出】命令，设置挤出的厚度为 100 mm，然后再添加【壳】命令，壳的厚度为 100 mm，勾选【壳】命令下的【将角拉直】选项，同时使用【移动】工具将窗框捕捉对齐到墙体中线，如图 3-1-139 所示。

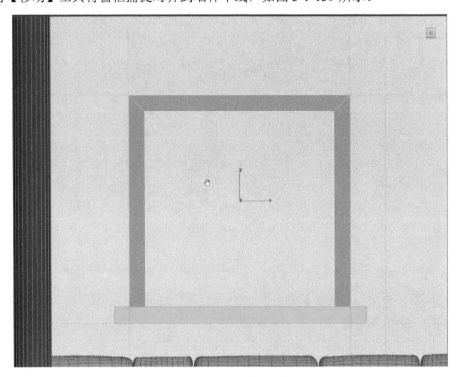

图 3-1-139　制作窗框模型

(3) 制作窗扇模型形体。绘制窗扇矩形线框，将其长度设置为 1200 mm，宽度设置为 600 mm，如图 3-1-140 所示。

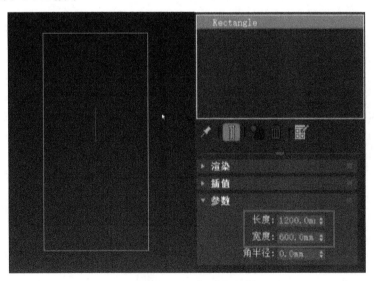

图 3-1-140　创建矩形窗扇线框

(4) 为矩形添加【挤出】命令，挤出厚度为 60 mm，再添加【壳】命令，内部量为 80 mm，如图 3-1-141 所示。

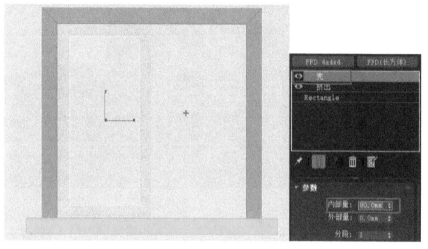

图 3-1-141　创建窗扇形体模型

(5) 添加【编辑多边形】命令，然后双击选择 4 条斜线边，单击鼠标右键选择【连接】命令，设置数值为 2，如图 3-1-142 所示。

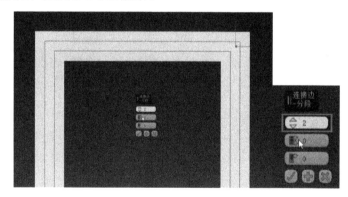

图 3-1-142　制作窗扇形体模型

(6) 先选择第 1 条连线，选择【切角】命令，设置切出数值为 10 mm，再选择第 2 条连线，选择【切角】命令，设置切出数值为 8 mm，如图 3-1-143 所示。

图 3-1-143　使用切角命令添加分段

(7) 在第二个窗扇形体模型基础上制作窗扇中模。选择如图 3-1-144 所示的前后环形面，单击右键选择【倒角】命令，设置高度为 10 mm，收缩宽度为 -5。

图 3-1-144　窗扇内部面倒角处理

(8) 再次选择如图 3-1-145 所示的内侧前后环形面，单击右键选择【倒角】命令，设置高度为 6 mm，收缩宽度为 -3。

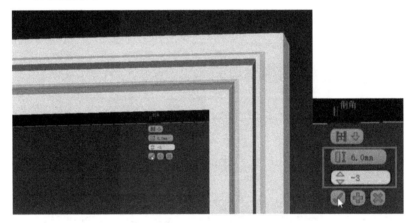

图 3-1-145　窗扇内侧面倒角处理

(9) 双击选择窗扇外侧边缘的 2 根循环边，再选择【切角】命令，设置切角量为 12，如图 3-1-146 所示。

图 3-1-146　窗扇边线切角处理

(10) 选择窗扇内部线框，单击右键选择【切角】命令，设置切角数值为8，如图3-1-147所示。

图 3-1-147　窗扇内部线框切角处理

(11) 制作窗扇内部构件形体。在前视图中捕捉窗扇内部边的中点，选择创建矩形，并给矩形添加【挤出】修改器，设置挤出的厚度为 30 mm，同时选择上下面封口，然后使用【对齐】命令，将内部构件对齐到窗扇厚度方向的中心线上，再添加【编辑多边形】修改器，调整模型的高度，如图 3-1-148 所示。

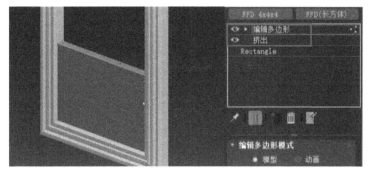

图 3-1-148　制作窗扇内部结构形体

(12) 选择矩形前后面，单击右键选择【插入】命令，向内收缩插入 50 mm，再选择【倒角】命令，高度值设置为 5 mm，收缩值设置为 -4，如图 3-1-149 所示。

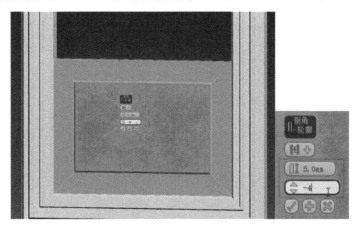

图 3-1-149　窗扇内部构件倒角处理

(13) 删除构件侧面和后方的面，然后选择边界沿 Y 轴向后移动 10 mm，从而调整出一个斜面的效果，如图 3-1-150 所示。

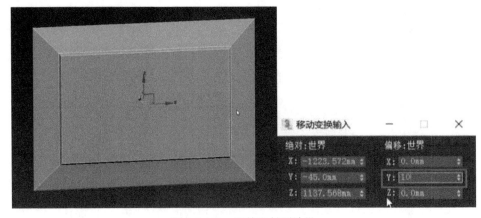

图 3-1-150　调整出斜面效果

(14) 双击选择 4 条斜边，然后单击右键选择【挤出】命令，设置挤出高度为 0 mm，挤出边宽度为 5，如图 3-1-151 所示。

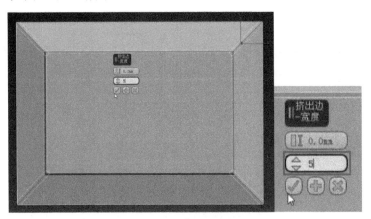

图 3-1-151　挤出斜向边

(15) 在【顶点】层级使用【切割】命令切割出边，并调整构件布线，如图 3-1-152 所示。

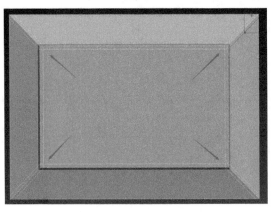

图 3-1-152　调整布线

(16) 选择所有横向边，单击右键使用【连接】命令添加中间线，再选择左侧面并删除，如图 3-1-153 所示。

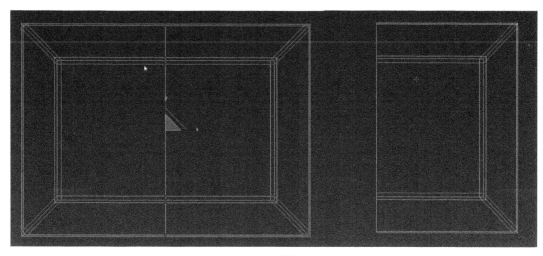

图 3-1-153　删除左侧面

(17) 使用【切割】命令添加连线，并调整边缘及转角布线，如图 3-1-154 所示。

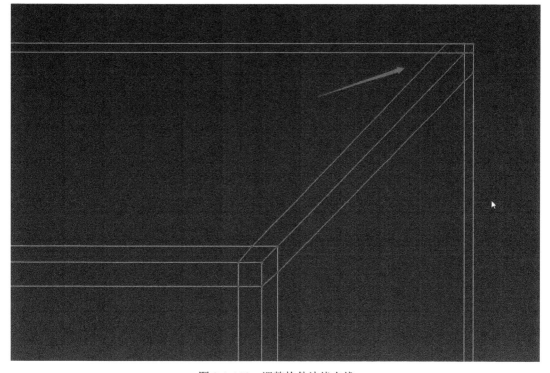

图 3-1-154　调整构件边缘布线

(18) 选择边界，然后按住【Shift】键将边界向后沿 Y 轴移动并复制出厚度，再选择中间面并删除，如图 3-1-155 所示。

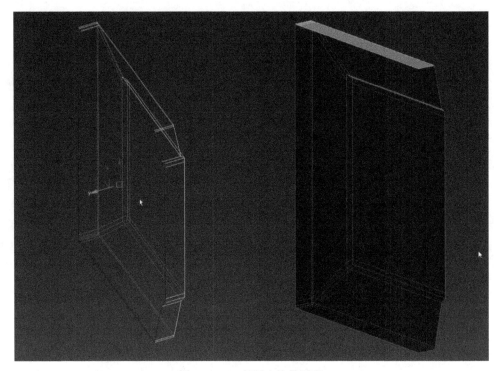

图 3-1-155　复制出构件厚度

(19) 使用【对称】修改器沿 X 轴方向对称出左侧面，然后单击右键将其转化为可编辑多边形，如图 3-1-156 所示。

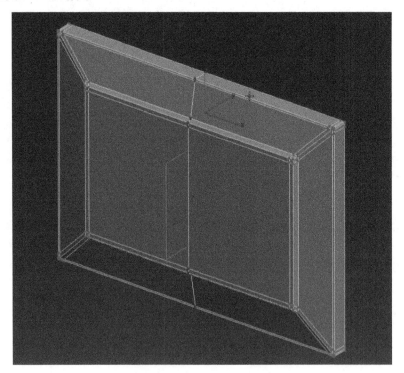

图 3-1-156　对称出左侧部分

(20) 使用【对称】修改器沿 Z 轴方向对称出后面部分，如图 3-1-157 所示。

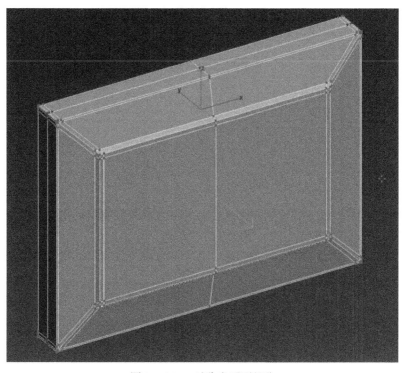

图 3-1-157　对称出后面部分

(21) 调整构件厚度并移除中间线，并将窗扇内部构件放置到窗扇中间对齐，如图 3-1-158 所示。

图 3-1-158　调整构件厚度并移除中间线

(22) 使用【连接】和【挤出】等命令，在转角和结构部分进行卡线处理，然后再添加【涡轮平滑】修改器，如图 3-1-159～图 3-1-162 所示。

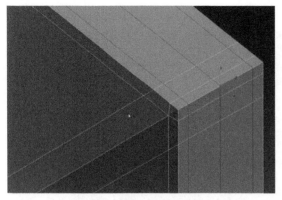

图 3-1-159　在厚度方向添加连线

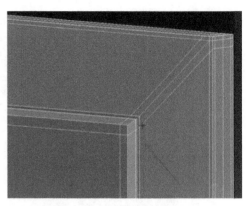

图 3-1-160　在突出结构处添加连线

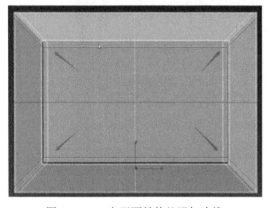

图 3-1-161　在正面结构处添加连线

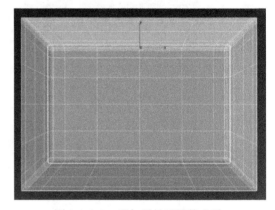

图 3-1-162　添加涡轮平滑修改器

(23) 制作窗扇 4 条斜角边的切角。选择 4 条斜角线，单击【挤出】命令，设置数值为 −5 mm
和 1.5 mm，单击确定，然后选择里面的缝隙，执行【切角】命令，设置切角数值为 1 mm，
如图 3-1-163 所示。

图 3-1-163　制作窗扇木条接缝

(24) 对窗扇框的整体转角及结构部分进行卡线处理，并添加【涡轮平滑】修改器，窗扇框中模就制作完成了，如图 3-1-164、图 3-1-165 所示。

图 3-1-164　对窗扇框结构部分做卡线处理

图 3-1-165　添加【涡轮平滑】后的窗扇框

(25) 创建线，捕捉窗扇的中点，然后添加【挤出】修改器，设置挤出数量为 20 mm，再添加【壳】修改器，设置内部量为 20 mm，移动窗扇内部横条，使之与窗框的中线对齐，如图 3-1-166 所示。

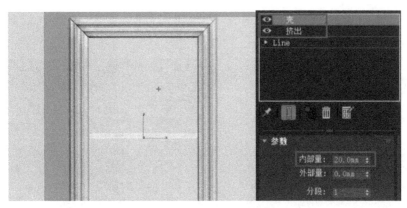

图 3-1-166　制作窗扇内部横条

(26) 在窗扇内再绘制一个矩形，设置其长度为 500 mm，宽度为 230 mm，如图 3-1-167 所示。

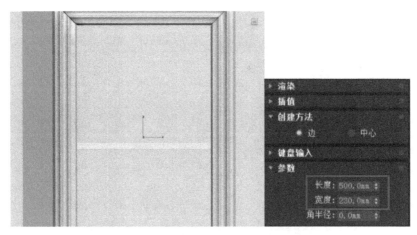

图 3-1-167　绘制矩形

(27) 选择矩形线框，然后添加【挤出】修改器，设置挤出数量为 20 mm，取消勾选【上下封口】，再添加【壳】命令，设置壳的外部量为 20 mm，再次选择【对齐】命令，使矩形木条与窗扇的中线对齐，如图 3-1-168 所示。

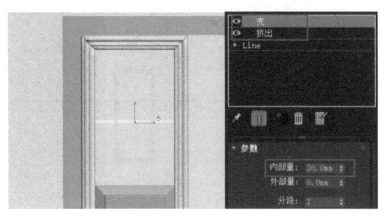

图 3-1-168　制作窗扇内部矩形木条

(28) 捕捉窗扇竖向中心线，添加【挤出】修改器，设置数量为 20 mm，然后添加【壳】修改器，设置外部量为 20 mm，沿 Y 轴与窗扇中心对齐，再复制窗扇内部横条和竖条副本，并移动横条、竖条，使它们均匀分布在窗扇的上端，如图 3-1-169 所示。

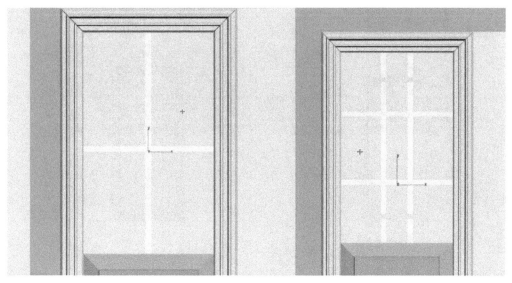

图 3-1-169　制作窗扇内部木条

(29) 将窗扇内模型全部附加到一起，单击右键选择【快速切片】命令，切除木条之间相互交叉多余的部分，从而形成组装结构，然后进入【边界】层级，选择所有边界，再单击【封口】命令给模型封口，如图 3-1-170 所示。

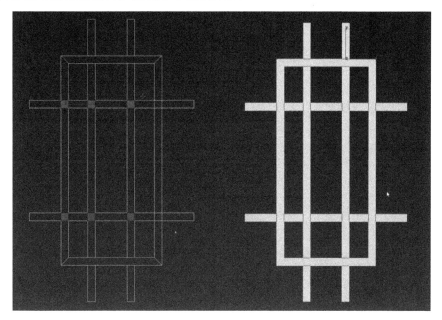

图 3-1-170　去除内部结构交叉部分

(30) 选择所有单根木条的两端边，添加【切角】命令，设置数值为 1 mm，如图 3-1-171 所示。

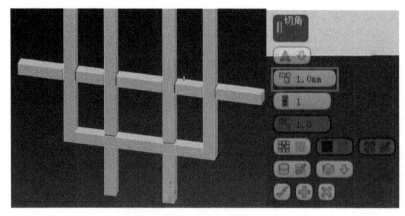

图 3-1-171　木条两段切角处理

(31) 选择矩形，添加【编辑多边形】修改器，然后选择 4 条转角边，单击右键选择【挤出】命令，设置挤出高度为 −4 mm，宽度为 0.5 mm，再选择【切角】命令，设置切角数量为 1 mm，如图 3-1-172、图 3-1-173 所示。

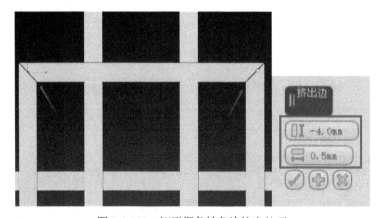

图 3-1-172　矩形框条转角边挤出处理

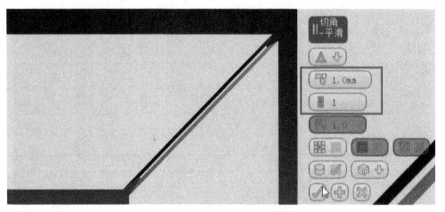

图 3-1-173　矩形框条转角边切角处理

(32) 为矩形框条结构添加连线，进行卡线处理，并添加【涡轮平滑】修改器，如图 3-1-174、图 3-1-175 所示。

图 3-1-174　矩形框条结构做卡线处理

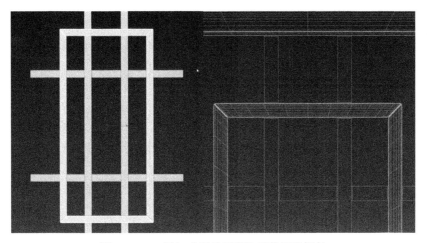

图 3-1-175　添加【涡轮平滑】后的矩形框条

(33) 在窗扇中间增加面片作为窗户纸。创建一个矩形平面，矩形框略大于窗扇内框，然后在平面上添加【壳】修改器，设置厚度为 2 mm，再选择【对齐】命令，使该矩形框与窗扇厚度方向的中心对齐，如图 3-1-176 所示。

图 3-1-176　制作窗户纸模型

(34) 给窗扇模型添加材质，将边框修改为木纹材质，窗户纸设置为灰色材质，如图3-1-177所示。

(35) 选择窗框，单击添加【编辑多边形】修改器，框选两端的转角斜向边线，然后添加【挤出】修改器，设置挤出高度为 −7 mm，宽度为 2 mm，做出缝隙，再选择窗框下方边进行切角处理，设置数值为 3 mm，如图3-1-178所示。

图 3-1-177　窗扇材质添加完成

图 3-1-178　制作木材衔接效果

(36) 对窗框进行卡线处理，并添加【涡轮平滑】修改器，如图3-1-179所示。

图 3-1-179　添加【涡轮平滑】后的窗框

(37) 选择窗台，添加【切角】命令，设置宽度数值为 10 mm，分段为 4，如图3-1-180所示。

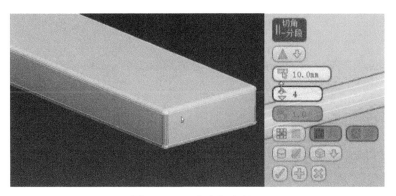

图 3-1-180　窗台切角处理

(38) 对窗台进行卡线处理,并添加【涡轮平滑】修改器,如图 3-1-181、图 3-1-182 所示。

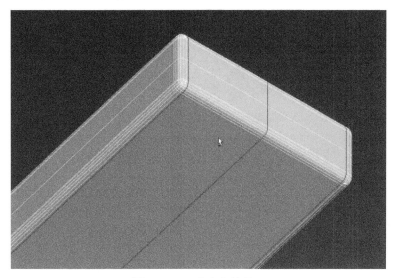

图 3-1-181　窗台卡线处理

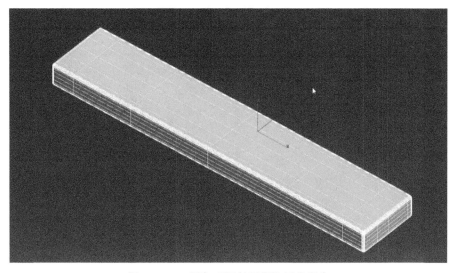

图 3-1-182　添加【涡轮平滑】后的窗台

(39) 选择窗扇，使用【移动】工具并按住【Shift】键沿 X 轴向右复制窗扇，做成对开窗。至此，完成整个窗户的模型制作，如图 3-1-183 所示。

图 3-1-183　窗户制作完成

九、制作门、门环模型

制作门、门环模型的步骤如下：

(1) 创建矩形，其长度为 150 mm，宽度为 1300 mm，然后添加【挤出】修改器，设置挤出厚度为 120 mm，勾选【封口始端】和【封口末端】，再使用【对齐】命令，使该矩形与门的中线位置对齐，如图 3-1-184 所示。

民居门、门环
中模制作

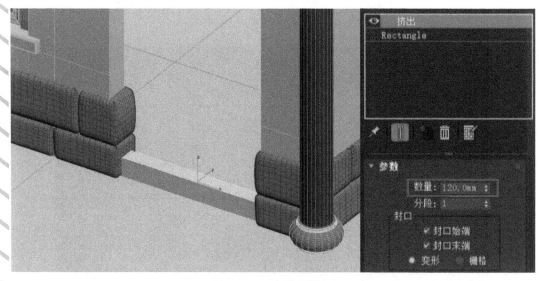

图 3-1-184　制作门槛石

(2) 复制门槛到门上方作为门梁，将矩形挤出数量从 120 mm 改为 200 mm，再旋转复制门槛作为竖向门框，如图 3-1-185 所示。

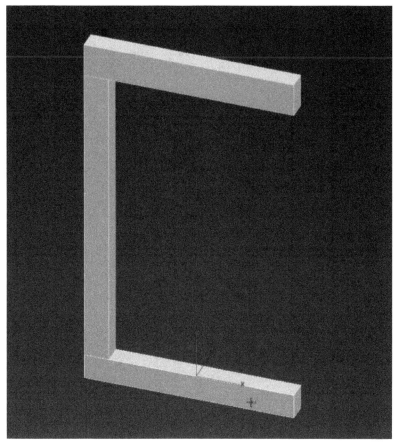

图 3-1-185 制作门框基础模型

(3) 选择竖向门框，对竖向边和横向边分别切角处理，如图 3-1-186 所示。

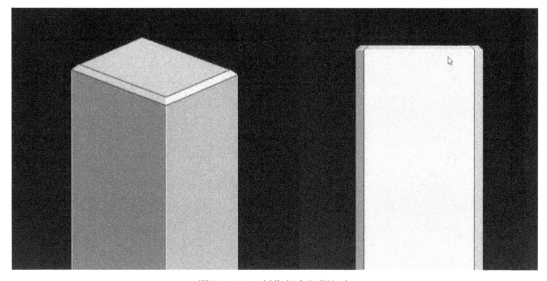

图 3-1-186 制作竖向门框切角

(4) 使用【连接】命令，对竖向门框进行卡线处理，并添加【涡轮平滑】修改器，如图 3-1-187、图 3-1-188 所示。

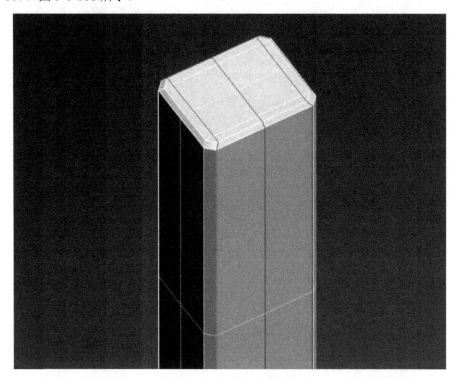

图 3-1-187　竖向门框卡线处理

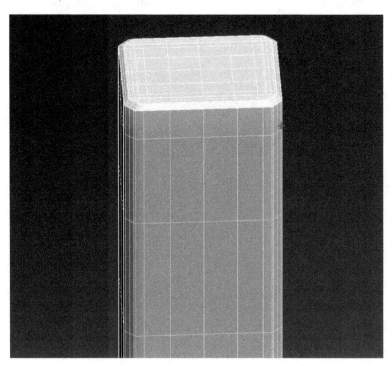

图 3-1-188　添加【涡轮平滑】后的竖向门框

(5) 旋转复制做好的门框，并将其放到房梁位置，然后添加【FFD】修改器，调整其大小及位置，再添加【涡轮平滑】修改器，从而完成门梁的模型制作，如图 3-1-189 所示。

图 3-1-189　制作门梁模型

(6) 按住【Shift】键，移动复制门梁到门槛位置，再选择【FFD】命令调整其高度，并删除原有门槛，然后向右移动复制左侧竖向门框，捕捉使之对齐门洞边缘，如图 3-1-190 所示。

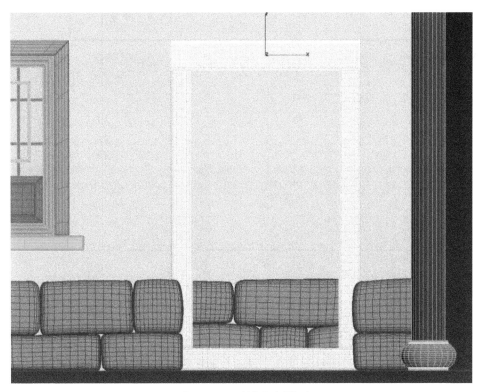

图 3-1-190　制作门框模型

(7) 将窗的位置向左微调，并将门洞宽度改大，调整门框大小，如图 3-1-191 所示。

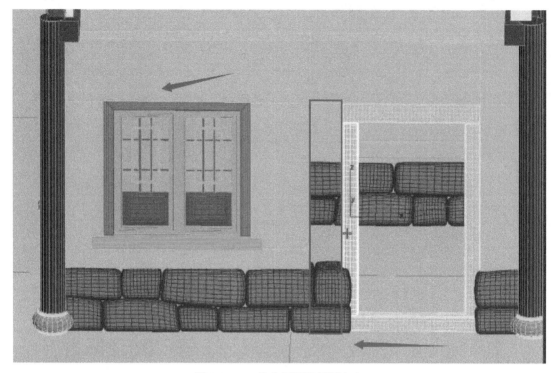

图 3-1-191 修改门洞及门框大小

(8) 将窗扇材质赋予窗框及窗台模型，同时创建红木色材质球并赋予门框，如图 3-1-192 所示。

图 3-1-192 添加材质

(9) 调整门框旁边石头的位置和尺寸。使用【FFD】命令，将门框旁边的石头调整到合适的尺寸，如图 3-1-193 所示。

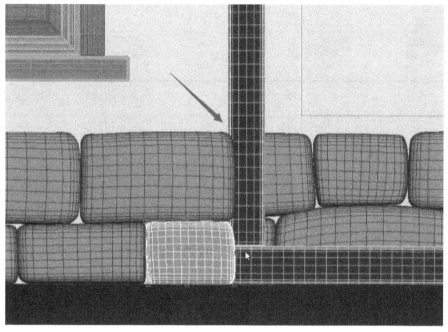

图 3-1-193　调整门框左侧位置的石材大小

(10) 制作门扇基础形体。绘制矩形，将其捕捉到门梁中点，并转为可编辑样条线，然后孤立显示矩形与门框，给矩形添加【挤出】修改器，设置数量为 80 mm，将模型沿门框厚度方向对齐到中间，如图 3-1-194 所示。

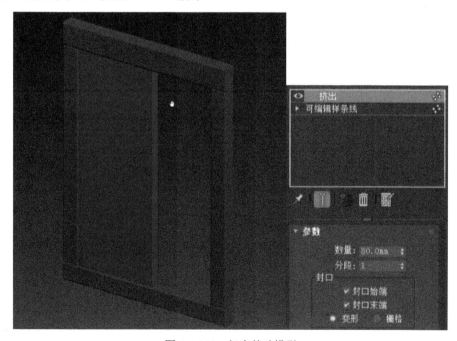

图 3-1-194　门扇基础模型

(11) 门扇的制作方法可参考窗扇下端面板的制作方法，制作完成的门扇如图 3-1-195 所示。

图 3-1-195　制作门扇

(12) 制作门环。选择创建面板中的长方体，按住鼠标左键在门扇上绘制一个立方体，其长、宽、高都为 100 mm，如图 3-1-196 所示。

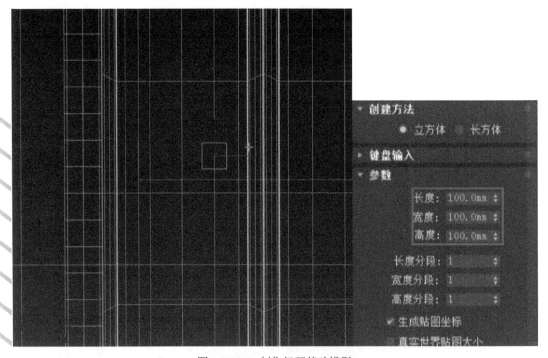

图 3-1-196　制作门环基础模型

(13) 孤立显示门环，然后在正方体上添加【涡轮平滑】修改器，设置迭代次数为 2，立方体会变成一个球形的状态，再添加【编辑多边形】修改器，在顶视图中删除后方一半的面，如图 3-1-197 所示。

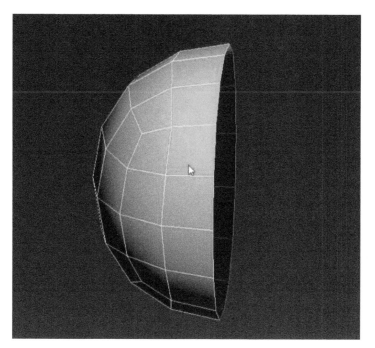

图 3-1-197　创建半球模型

(14) 在前视图中选择边界，然后使用【缩放】命令，按住【Shift】键进行中心缩放，将底面模型向外伸展，如图 3-1-198 所示。

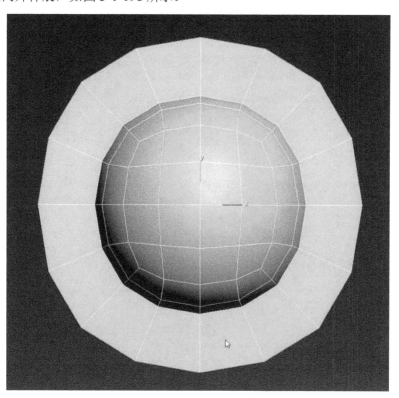

图 3-1-198　缩放复制扩展半球边界

(15) 按住【Shift】键将半球向后移动一段距离，为门环增加厚度，再选择【封口】命令进行封口，如图 3-1-199 所示。

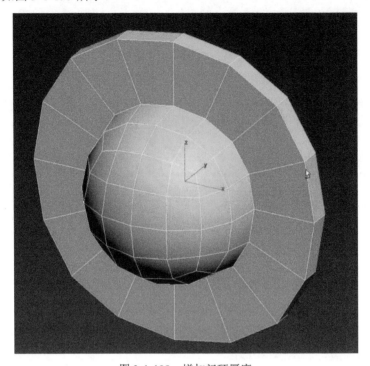

图 3-1-199　增加门环厚度

(16) 使用【切割】命令对门环后方进行布线处理，如图 3-1-200 所示。

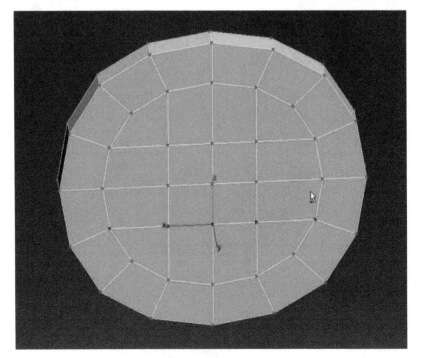

图 3-1-200　门环后方布线处理

(17) 双击加选门环的两条外侧边，然后单击右键选择【切角】命令，设置数量为 3 mm，如图 3-1-201 所示。

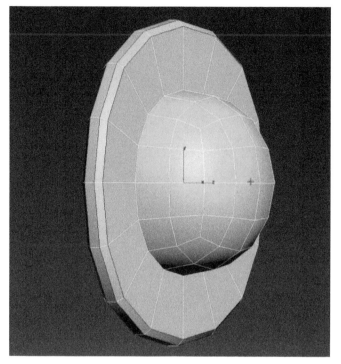

图 3-1-201　门环外侧边缘切角处理

(18) 双击选择圆球边线，然后单击右键选择【切角】命令，切角宽度为 2，如图 3-1-202 所示。

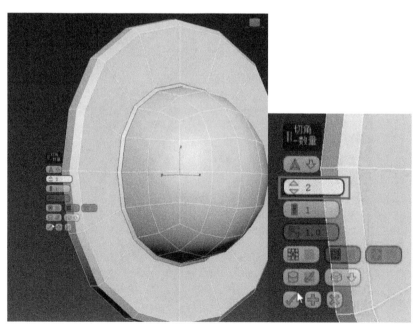

图 3-1-202　圆环切角

(19) 选择圆环上的结构边，并为其进行卡线处理，然后添加【编辑多边形】修改器，选择外侧边，单击右键选择【挤出】命令，输入宽度值为 0.5，如图 3-1-203 所示。

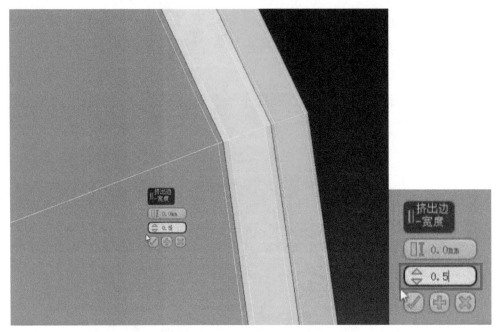

图 3-1-203　门环模型卡线处理

(20) 添加【涡轮平滑】修改器，设置迭代次数为 2，完成效果如图 3-1-204 所示。

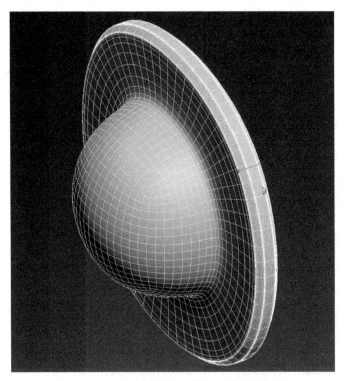

图 3-1-204　添加【涡轮平滑】后的门环板面

(21) 在透视图中，选择门环，使用对齐工具，然后单击门扇，在弹出的【对齐当前选择】面板中勾选【Y位置】，选择【当前对象】中的【最大】和【目标对象】中的【最小】，单击【确定】按钮，发现门环已经与门扇的表面对齐，如图 3-1-205 所示。

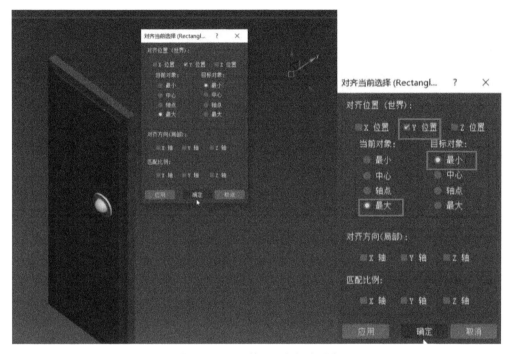

图 3-1-205　调整门环与门扇对齐

(22) 创建门环材质，调整颜色为金黄色，并赋予门环材质，如图 3-1-206 所示。

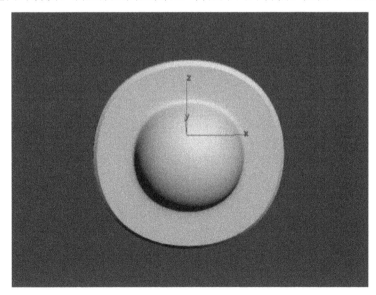

图 3-1-206　赋予门环材质

(23) 制作门环上的门把手连接器，在左视图中创建样条线，绘制一个门把手连接器的形状，如图 3-1-207 所示。

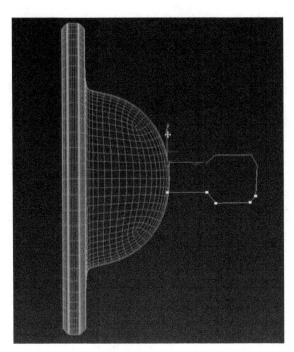

图 3-1-207　创建样条线

(24) 添加【挤出】命令，设置挤出厚度为 10 mm，然后增加【壳】修改器，设置外部量为 5 mm，如图 3-1-208 所示。

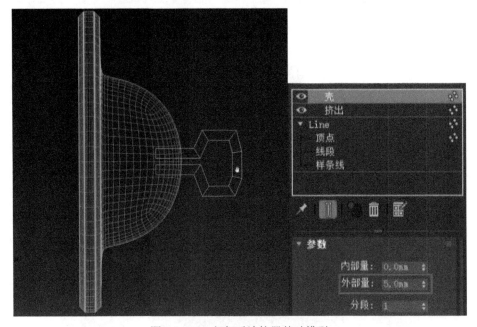

图 3-1-208　门把手连接器基础模型

(25) 在前视图中创建一个圆形，在【修改】面板上勾选图形渲染中的【在渲染中启用】和【在视口中启用】选项来显示圆形粗细作为门把手，设置径向厚度为 9 mm，半径为 45 mm，如图 3-1-209 所示。

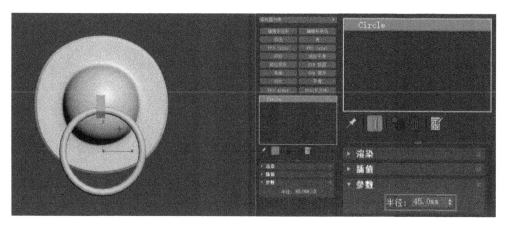

图 3-1-209　制作门把手

(26) 选择门把手连接器，添加【编辑多边形】修改器，选择边缘循环边，再单击右键选择【切角】命令进行切角处理，如图 3-1-210 所示。

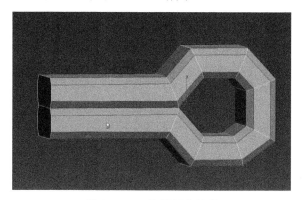

图 3-1-210　边缘切角处理

(27) 为门把手连接器进行卡线处理，并添加【涡轮平滑】修改器，如图 3-1-211、图 3-1-212 所示。

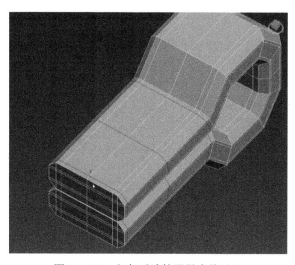

图 3-1-211　门把手连接器做卡线处理

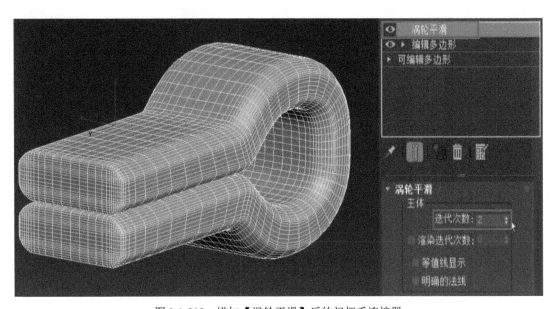

图3-1-212　增加【涡轮平滑】后的门把手连接器

(28) 创建门把手材质，将其颜色改为黄色，并赋予门把手，如图3-1-213所示。

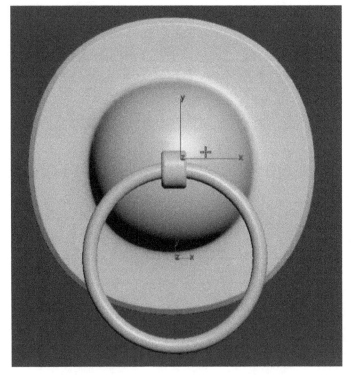

图3-1-213　赋予门把手模型材质

十、制作石板模型

制作石板模型的步骤如下：

民居地面石板制
作、屋顶模型调整

(1) 在顶视图中创建矩形，然后添加【挤出】修改器，设置数量为 572.5 mm，如图 3-1-214 所示。

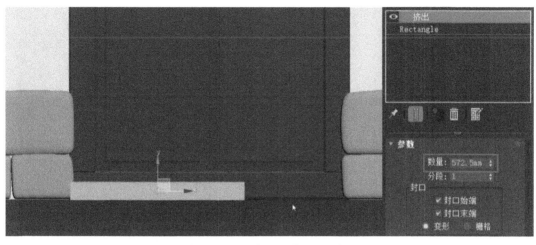

图 3-1-214　制作石板基础形体模型

(2) 选择石板基础形体模型，添加【编辑多边形】修改器，分别选择横向、竖向边，单击右键选择【连接】命令画出 3 条连接线，适当调整滑块，并对边角进行卡线处理，如图 3-1-215 所示。

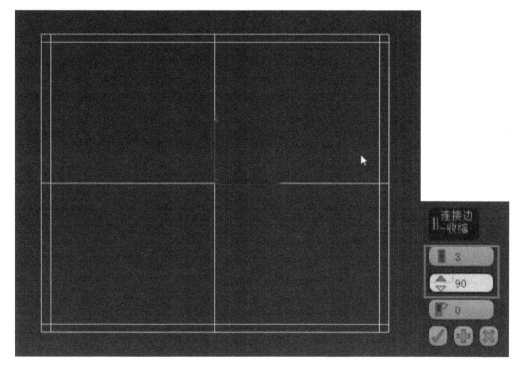

图 3-1-215　为石板模型加连接线

(3) 给石板添加【涡轮平滑】修改器，移动复制石板，再使用【FFD】命令调整石板大小，使石板大小不同，并将其排列美观，如图 3-1-216 所示。

图 3-1-216　制作石板

(4) 继续复制石板，然后使用【FFD】修改器，调整形状使其绕房屋底部铺设一圈，如图 3-1-217 所示。

图 3-1-217　为房屋底部铺设石板

(5) 选择全部石板模型成组，创建铺地材质，设置其颜色为青色，并将铺地材质赋予石板，如图 3-1-218 所示。

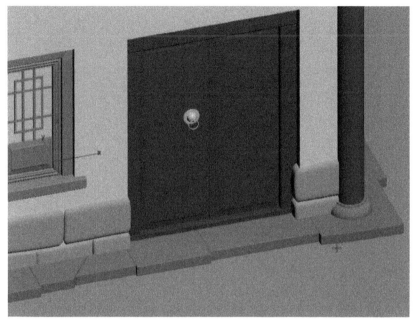

图 3-1-218　赋予石板铺地材质

(6) 打开隐藏的模型，观察其整体效果，会发现房屋右侧少了人字形的梁。在顶视图中，将左侧模型移动复制到右侧墙体对齐，如图 3-1-219 所示。

图 3-1-219　复制右侧房梁

(7) 修改屋脊翘脚向外延伸，优化屋脊模型，如图 3-1-220 所示。

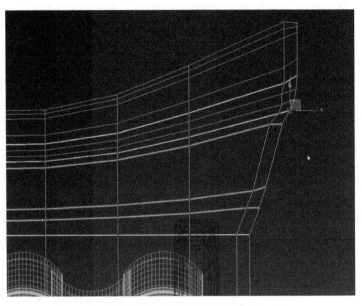

图 3-1-220　修改屋脊翘脚模型

至此，民居框架模型就制作完成了，中模制作也基本完成了，如图 3-1-221 所示。

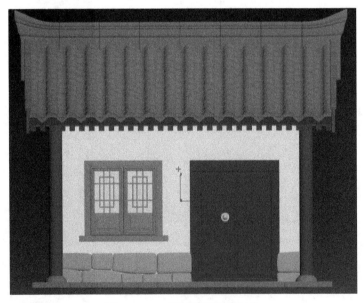

图 3-1-221　民居模型中模制作

任务二　以民居墙体制作为例介绍 PBR 流程模型及材质制作

制作民居墙体包括制作墙砖模型、制作砖缝模型、制作墙面高模、墙面高模减面、制作墙面外墙低模、为低模展 UV、民居贴图烘焙与制作材质等几个方面。

一、制作墙砖模型

制作墙砖模型的步骤如下：

(1) 在前视图中按住【Shift】键向右复制墙面，然后单击右键将其转换为可编辑的多边形，将墙面底脚选择点向上移动至石材下方合适的位置，如图 3-2-1 所示。

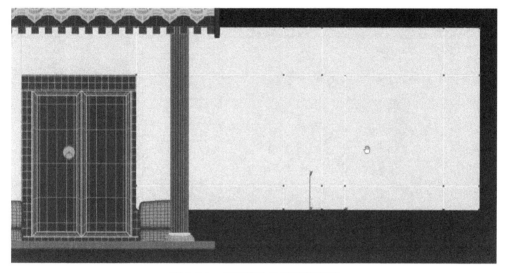

图 3-2-1　复制墙体并调整其高度

145

(2) 优化墙面，删除墙体内侧的面 (不包括窗框与门框的侧面)，并移除不必要的线，如图 3-2-2 所示。

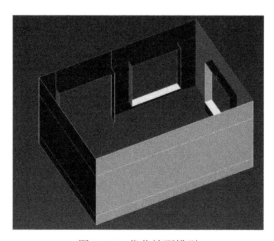

图 3-2-2　优化墙面模型

(3) 在前视图中创建一个长度为 100 mm、宽度为 400 mm 的矩形作为参照，然后分别选择墙面的横向、竖向边，单击【连接】命令连接分段来制作墙砖，分段的长度距离参照矩形长度，分段的高度距离参照矩形宽度的二分之一，调整墙面分段，如图 3-2-3 所示。

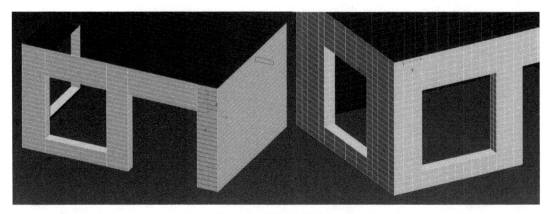

图 3-2-3　添加墙面分段

(4) 添加【编辑多边形】修改器，选择一条竖向边，单击【功能区】命令，选择点循环，再选点环，减选转角的边，按住【Ctrl】键，单击【移除】命令，如图 3-2-4 所示。

图 3-2-4　移除间隔竖向边

(5) 同理，再次选择错位的竖向边，单击【功能区】命令，选择点循环，再选点环，减选转角的边，按住【Ctrl】键移除所选边，用同样的方法修改其他墙砖，如图 3-2-5 所示。

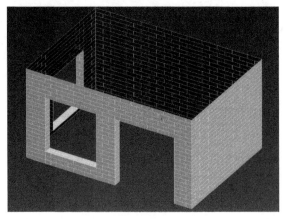

图 3-2-5　制作墙砖拼接效果

二、制作砖缝模型

制作砖缝模型的步骤如下：

(1) 单击添加【编辑多边形】修改器，选择所有面，再单击选择【插入】命令，选择按多边形的方式插入，设置插入砖缝数值为5，如图3-2-6所示。

图 3-2-6　设置向内插入砖缝宽度

(2) 选择【编辑几何体】中的【分离】命令，将墙砖与砖缝分离，如图3-2-7所示。

图 3-2-7　分离墙砖与砖缝

(3) 选择分离出来的面，添加【壳】命令，设置外部量为3 mm，如图3-2-8所示。

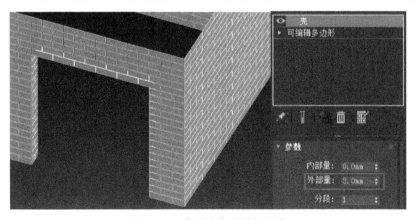

图 3-2-8　给墙砖向外增加厚度

(4) 选择砖缝模型，删除最上面的【编辑多边形】修改器，然后重新全选面，单击【插入】命令，设置数量为 10 mm，使砖缝稍稍伸进墙砖，以便于在 ZBrush 软件中进行雕刻，再删除中间面，如图 3-2-9 所示。

图 3-2-9　插入面制作砖缝

(5) 选择砖缝，添加【壳】命令，设置内部量数值为 5 mm，选择【将角拉直】选项，如图 3-2-10 所示。

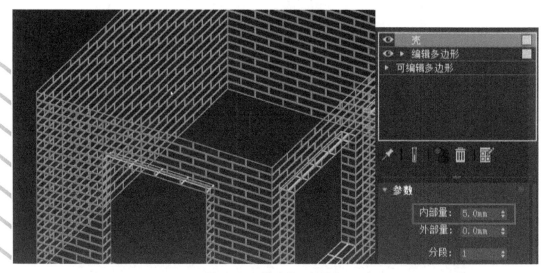

图 3-2-10　给砖缝添加厚度

(6) 将墙砖与砖缝转换为可编辑的多边形，选择砖缝，单击【文件】菜单中的【导出】，再选择【导出选定对象】，将其以 OBJ 格式导出，并命名为"ZF"，然后单击【导出】按钮，再使用同样的方法导出墙砖，也选择 OBJ 格式，如图 3-2-11 所示。

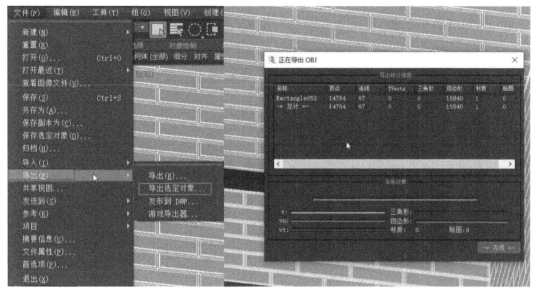

图 3-2-11　导出墙砖与砖缝

三、制作墙面高模

制作墙面高模的步骤如下：

(1) 关闭 3ds Max 软件，然后打开 ZBrush 软件，并导入砖缝和墙砖模型，如图 3-2-12 所示。

民居墙面高模
细节制作

149

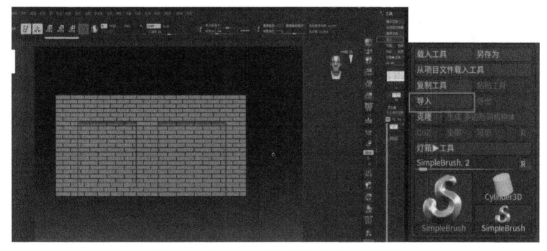

图 3-2-12　在 ZBrush 软件中导入墙砖与砖缝模型

(2) 创建墙砖副本，选择【几何体编辑】，单击【折边】，再选择【全部折边】，如图 3-2-13 所示。

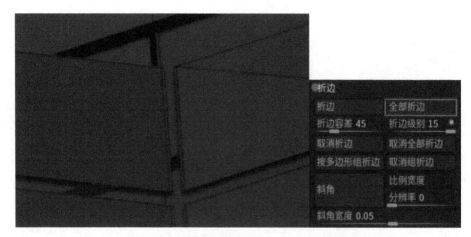

图 3-2-13　创建模型副本并给模型添加折边

(3) 按下细分网格快捷键【Ctrl + D】，给墙砖加一次细分，然后选择【删除低级】选项删除低级细分，再选择【Dynamesh】，调整分辨率为 1800 左右，单击【Dynamesh】给墙砖模型布面，可看到此时墙砖多边形有 900 多万面，如图 3-2-14 所示。

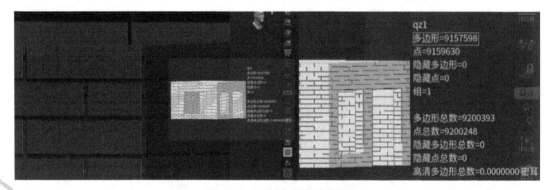

图 3-2-14　给墙砖模型布面

(4) 创建砖缝副本，选择【几何体编辑】，单击【折边】，再选择【全部折边】，如图 3-2-15 所示。

图 3-2-15　砖缝折边处理

三维数字模型制作与渲染（微课版）

(5) 按下【Ctrl + D】键给砖缝模型加 2 次细分网格，如图 3-2-16 所示。

图 3-2-16　给砖缝添加细分网格

(6) 选择【ZRemesher】调节砖缝布面，设置目标多边形数为 17 左右，再单击【ZRemesher】，如图 3-2-17 所示。

图 3-2-17　砖缝布面

(7) 墙砖和砖缝模型整体布面完成，准备雕刻细节，如图 3-2-18 所示。

图 3-2-18　布面完成

(8) 单击【文件】菜单并保存现有模型，再选择【ClayBuildup】笔刷，并调整笔刷大小使笔刷强度合适，如图 3-2-19 所示。

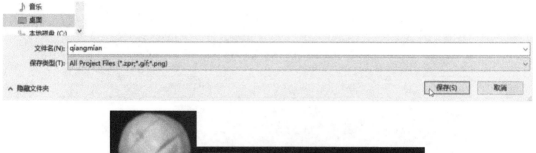

图 3-2-19　保存模型并调整笔刷

(9) 选择【ClayBuildup】笔刷，打开笔刷菜单，选择【自动遮罩】中的【背面遮罩】，然后绘制墙砖边角，使其有破损的感觉，如图 3-2-20、图 3-2-21 所示。

图 3-2-20　雕刻墙砖

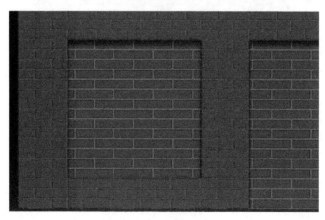

图 3-2-21　墙砖细节处理

(10) 转角砖缝雕刻。打开砖缝模型，选择笔刷雕刻砖缝，使转角变得不规律，然后保存项目文件，如图 3-2-22 所示。

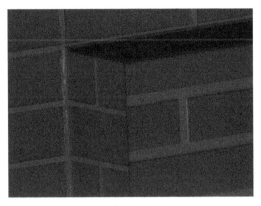

图 3-2-22　转角砖缝细节处理

(11) 创建模型副本。在顶视图中，按住【Ctrl】键和鼠标左键进行拖拽，绘制遮罩遮住背部，如图 3-2-23 所示。

图 3-2-23　绘制背面遮罩

(12) 选择【灯箱】，找到自定义细节笔刷，给墙砖绘制细节，使墙砖具有颗粒状的纹理，如图 3-2-24 所示。

图 3-2-24　给墙砖绘制细节

(13) 在正面墙砖上，绘制不同强度且不规则的纹理，如图 3-2-25 所示。

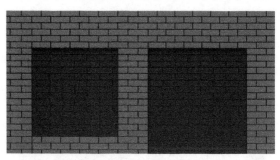

图 3-2-25　正面墙砖细节处理

(14) 取消遮罩，然后按住【Ctrl】键和鼠标左键进行拖拽，绘制一个新的遮罩，并将左侧面露出，如图 3-2-26 所示。

图 3-2-26　绘制新遮罩

(15) 旋转视图到左侧面，然后用细节笔刷在左侧墙砖上进行雕刻，如图 3-2-27 所示。

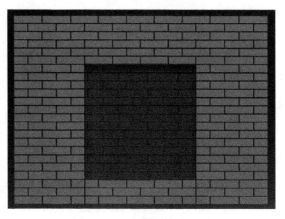

图 3-2-27　左侧面墙砖雕刻

(16) 取消遮罩，然后按住【Ctrl】键和鼠标左键进行拖拽，绘制一个新的遮罩，并将右侧面露出，如图 3-2-28 所示。

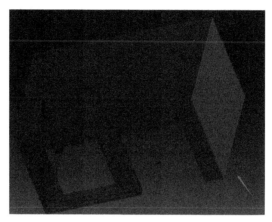

图 3-2-28　绘制遮罩并露出右侧面

(17) 旋转到右侧面，用笔刷进行模型细节处理，注意调整笔刷的强度、衰减度和大小，从而绘制出多层次的墙砖细节，如图 3-2-29 所示。

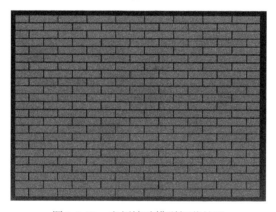

图 3-2-29　右侧墙砖模型细节处理

(18) 取消遮罩，然后按住【Ctrl】键和鼠标左键进行拖拽，绘制一个新的遮罩，并将背面露出，如图 3-2-30 所示。

图 3-2-30　添加遮罩并露出背面墙砖

(19) 旋转视图到背面，用笔刷进行墙砖背部模型细节处理，如图 3-2-31 所示。

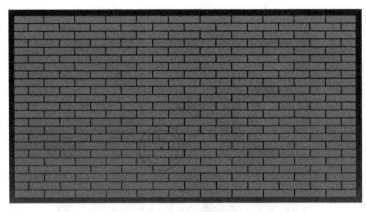

图 3-2-31　背面墙砖模型细节处理

(20) 使用新的笔刷给整体模型添加裂纹细节，如图 3-2-32 所示。

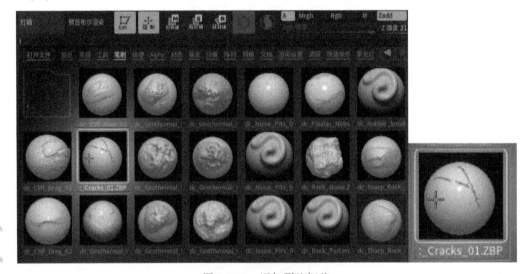

图 3-2-32　添加裂纹细节

　　(21) 在正面墙面上绘制墙面裂纹，注意笔刷的强度和纹理的角度，使裂纹不规则分布，如图 3-2-33 所示。

图 3-2-33　正面墙面裂纹处理

(22) 为其他墙面也绘制部分裂纹，如图 3-2-34 所示。

如图 3-2-34　为其他墙面添加裂纹

(23) 保存项目文件。调整笔刷的大小、强度，给砖缝做出起伏和凹陷的效果，如图 3-2-35 所示。

图 3-2-35　砖缝细节处理

(24) 处理每个墙面的砖缝，使外突和内凹不规则分布，如图 3-2-36 所示。

图 3-2-36　其他墙面砖缝细节处理

(25) 墙砖、砖缝高模的细节雕刻处理完成，如图 3-2-37 所示。显示砖缝模型，检查砖缝模型的总面数，可以看到共有 1200 多万面。

图 3-2-37　墙砖、砖缝高模处理完成

民居墙面高模
减面处理

四、墙面高模减面

墙面高模减面的步骤如下：

(1) 分别创建墙砖、砖缝模型的副本，并保存项目文件，原模型备用，如图 3-2-38 所示。

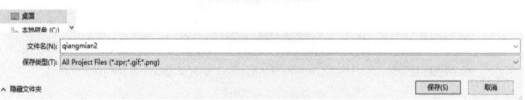

图 3-2-38　创建模型副本

(2) 显示墙砖模型，然后选择【按相似性拆分】将墙砖进行拆分，如图 3-2-39 所示。

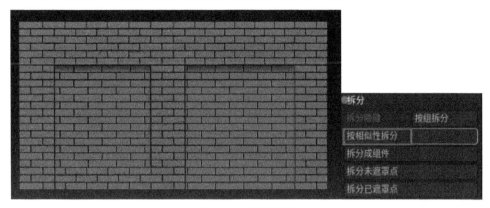

图 3-2-39　拆分墙砖

(3) 墙砖被拆分成了单块墙砖和多块墙砖，拆分后墙砖如图 3-2-40 所示。

(4) 墙砖拆分后，多个模型就会显示在右侧子工具栏中，有单块的墙砖，也有多块的墙砖，如图 3-2-41 所示。

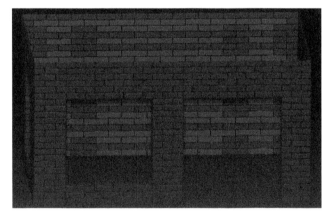

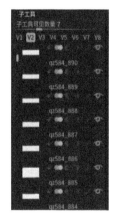

图 3-2-40　拆分墙砖　　　　　　　　　　图 3-2-41　拆分墙砖模型为多个组件

(5) 关闭子工具栏，只显示如图 3-2-42 所示的多块墙砖构件。

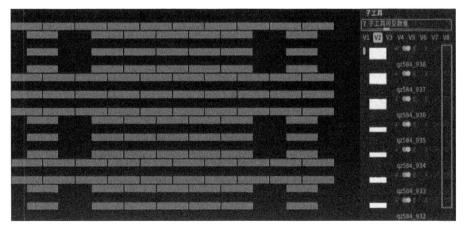

图 3-2-42　显示墙砖构件

(6) 对所选的多块整体墙砖模型进行减面处理，选择【Z 插件】进行减面处理，先预处理，再单击【抽取当前】，如图 3-2-43 所示。

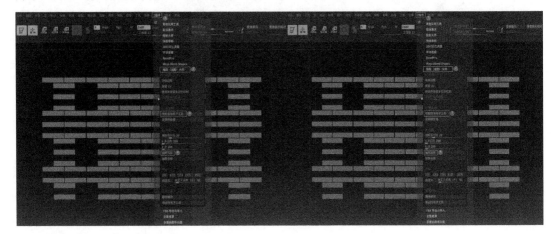

图 3-2-43　减面处理

(7) 墙砖减面后的效果如图 3-2-44 所示。

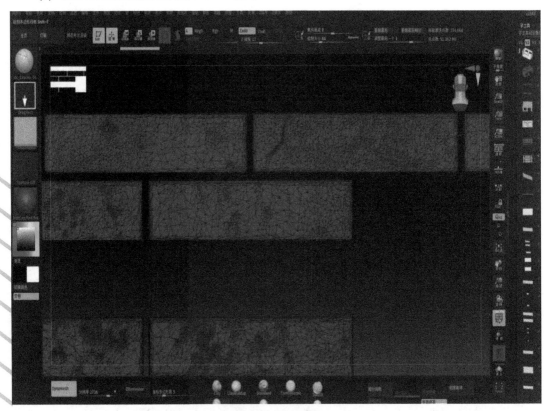

图 3-2-44　减面后的效果

(8) 在前面的组块处理完成后可隐藏图层，只显示一部分墙砖，选择子工具栏中的【向下合并】命令，合并多个单块墙体，如图 3-2-45 所示。

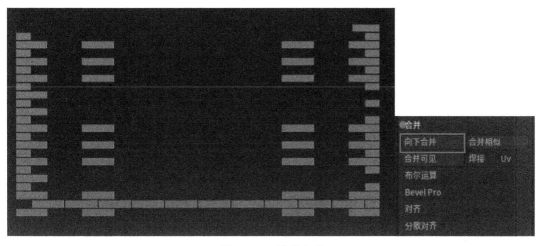

图 3-2-45　模型合并

(9) 选择【Z 插件】进行减面预处理，如图 3-2-46 所示。

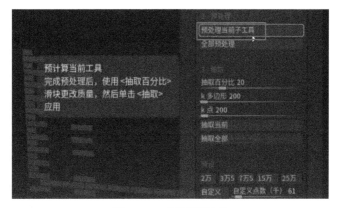

图 3-2-46　减面预处理

(10) 选择【抽取当前】，墙砖减面后的效果如图 3-2-47 所示。

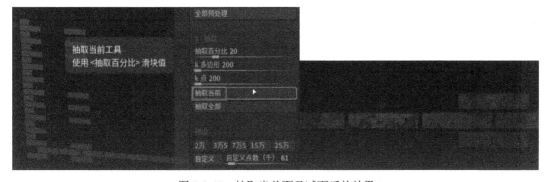

图 3-2-47　抽取当前面及减面后的效果

(11) 依次向下处理图层，在遇到单块墙砖模型时可选择【向下合并】，每一次减面处理的墙砖可为 50 块左右，如图 3-2-48 所示，这样可以提升处理效率。在合并模型后同样选择【Z 插件】，选择【预处理】，如图 3-2-49 所示。然后再选择【提取当前】，最终效果如图 3-2-50、图 3-2-51 所示。

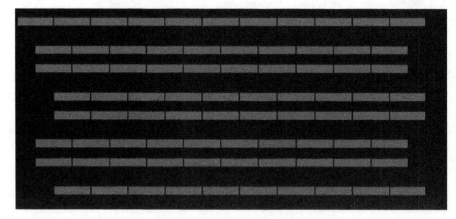

图 3-2-48　向下合并

图 3-2-49　墙砖模型减面

图 3-2-50　抽取当前面

图 3-2-51　合并组件后的减面效果

(12) 重复如上操作，即可完成整个墙砖模型的减面，再向下合并所有的单个墙砖组件，如图 3-2-52 所示。

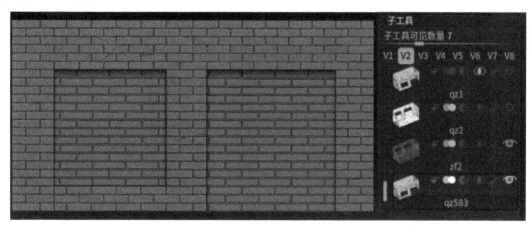

图 3-2-52　完成墙砖逐个模型减面后合并成整体

(13) 进行墙砖二次减面操作。为防止二次减面出错，先保存墙砖模型首次减面后的项目文件，将项目文件命名为"qiangmian2"，如图 3-2-53 所示。

图 3-2-53　保存模型项目文件

(14) 创建模型副本，对墙砖初次减面后的整个模型再次进行减面，选择【Z 插件】，抽取 20% 左右，如图 3-2-54 所示。

图 3-2-54　对整个模型再次进行减面

（15）单击【抽取当前】，减面完成后的多边形数为 1 123 019，细节丢失较少，墙砖高模减面处理可行，如图 3-2-55 所示。

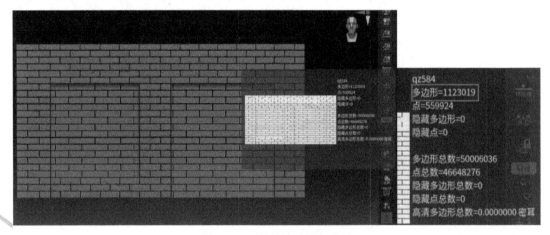

图 3-2-55　整体墙砖模型减面

（16）给砖缝模型做减面处理。显示砖缝模型，然后选择【Z 插件】，单击【预处理】当前子工具，如图 3-2-56 所示。

图 3-2-56　砖缝模型预处理

(17) 选择【Z 插件】并单击【抽取当前】命令，检查砖缝模型有无破面、交叉，若没有问题，则说明减面成功，如图 3-2-57 所示。

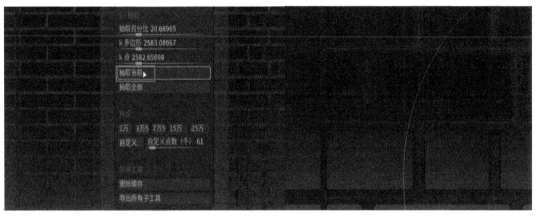

图 3-2-57　抽取砖缝当前面

(18) 墙砖与砖缝减面后的效果如图 3-2-58，然后保存减面后的整体文件。

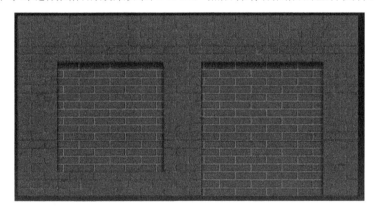

图 3-2-58　减面后的墙面模型

(19) 单击工具栏中的【导出】命令，导出砖缝高模，命名为"zhuanfeng_high"，如图 3-2-59 所示。

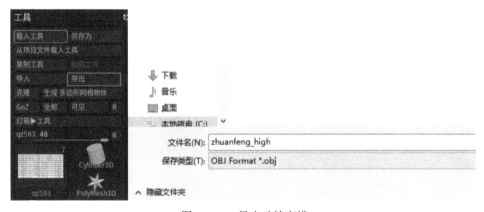

图 3-2-59　导出砖缝高模

(20) 导出墙砖高模，命名为"qiangzhuan_high"，如图 3-2-60 所示。

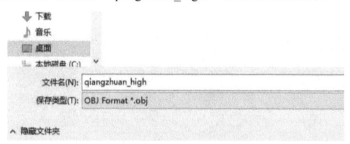

图 3-2-60 导出墙砖高模

五、制作墙面外墙低模

制作墙面外墙低模的步骤如下：

(1) 打开 3ds Max 软件，导入墙砖与墙缝高模，如图 3-2-61 所示。

民居墙面外墙
低模制作

图 3-2-61 导入高模

(2) 单击墙砖高模模型，检查模型是否有问题，若发现有交叉面严重问题的墙砖模型，则删除，然后在右侧【修改】面板进入墙砖高模网格的【元素】层级，复制一块完整的墙砖面替换问题面，如图 3-2-62 所示。

图 3-2-62　修改问题面

(3) 复制原始墙面模型，与高模对齐，然后删除多余面，只留外侧墙面，单击右键将其转化为可编辑多边形，如图 3-2-63 所示。

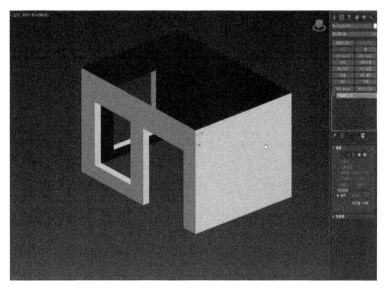

图 3-2-63　调整低模外形并删除多余面

(4) 移除多余的线段，调整低模布线，在满足高模匹配的前提下尽量减少面，如图 3-2-64 所示。

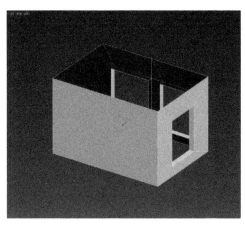

图 3-2-64　墙体低模布线

(5) 选择低模转角的 4 条边，然后单击【切角】命令，设置数值为 5 mm，使之与高模匹配，如图 3-2-65、图 3-2-66 所示。

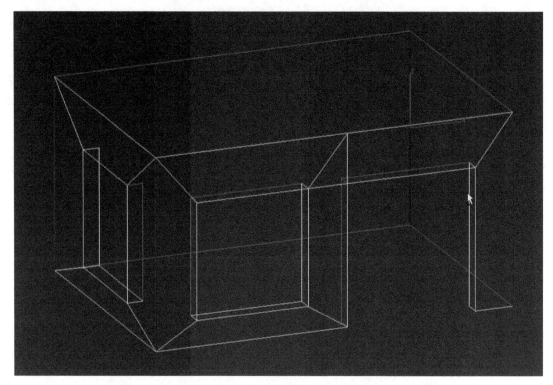

图 3-2-65　选择低模转角的 4 条边

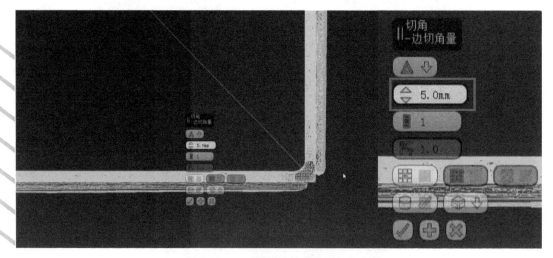

图 3-2-66　调整墙体转角的切角大小

(6) 选择【移除】命令或者【目标焊接】命令处理转角多余的顶点，如图 3-2-67、图 3-2-68 所示。

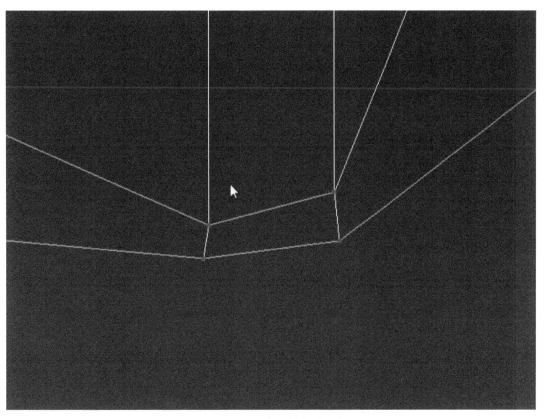

图 3-2-67　切角后转角的顶点

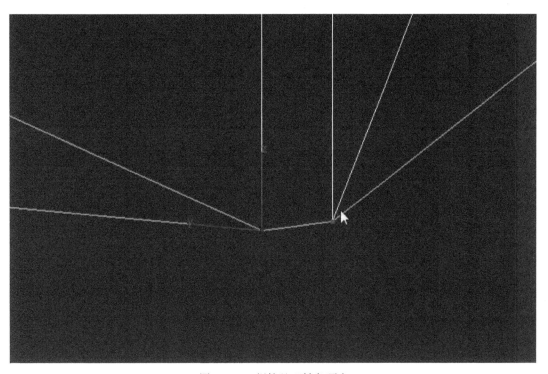

图 3-2-68　焊接处理转角顶点

(7) 窗洞转角处也做切角处理，多余的点也做焊接处理，然后调整低模墙面布线，使之尽量匹配高模，如图 3-2-69、图 3-2-70 所示。

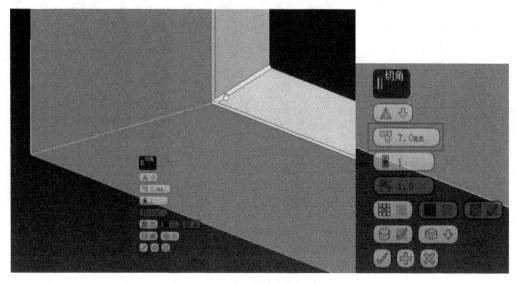

图 3-2-69　窗洞转角处做切角处理

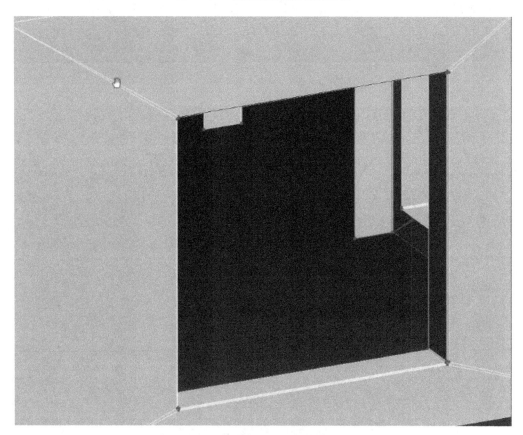

图 3-2-70　焊接多余点并调整低模墙面布线

(8) 检查墙面低模与高模的匹配程度，再次调整低模，使其匹配高模，如图 3-2-71 所示。

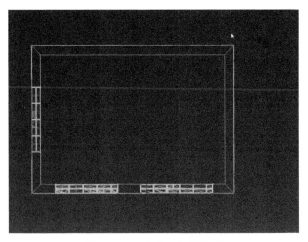

图 3-2-71　高模与低模匹配

民居墙面低模
UV展开

六、为低模展 UV

为低模展 UV 的步骤如下：

(1) 设定墙面低模平滑组，对墙面低模进行展 UV 处理。选择低模，然后单击添加【UVW 展开】修改器，选择所有面，再单击【重置映射】，如图 3-2-72、图 3-2-73 所示。

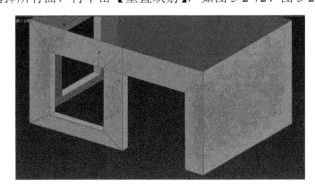

图 3-2-72　为低模墙面设定平滑组

171

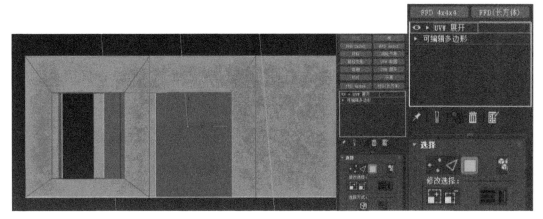

图 3-2-73　添加【UVW 展开】修改器

(2) 单击右侧面板中的【打开 UV 编辑器】，选择边，手动拆分墙面 UV，如图 3-2-74 所示。在【编辑 UVW】面板中单击快速剥图标，将 UV 展开，如图 3-2-75 所示。

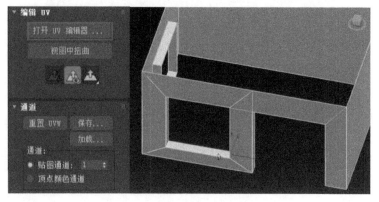

图 3-2-74　断开 UV 边

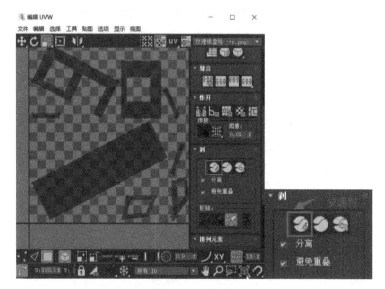

图 3-2-75　展 UV

(3) 调整未展平 UV。单击【拉直选定项】与【松弛工具】等处理和拉直贴图，在【编辑 UVW】面板中旋转摆放 UV，使 UV 位置转正、大小合理，并尽可能紧凑，从而提高贴图利用率，如图 3-2-76、图 3-2-77 所示。

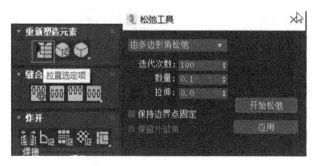

图 3-2-76　展平拉直调整 UV

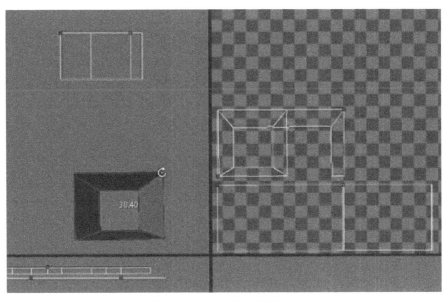

图 3-2-77　旋转移动摆放 UV

(4) 使用纹理棋盘格显示模型，然后检查 UV 方向，旋转调整 UV 使其方向正常，再次摆放调整 UV，如图 3-2-78 所示。

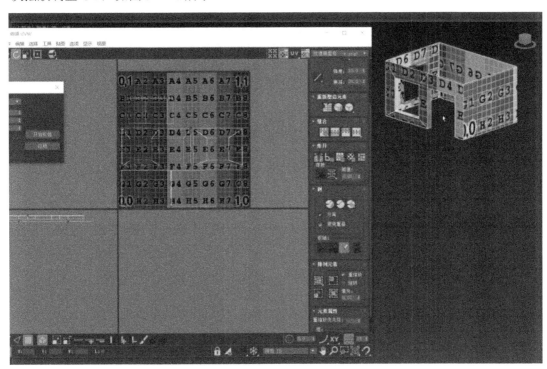

图 3-2-78　调整方向摆放 UV

(5) 注意调整 UV 块之间的间隔距离，然后检查其方向是否正确，UV 展开就完成了。关闭【编辑 UVW】面板，单击右键将低模墙体转换为可编辑多边形，如图 3-2-79～图 3-2-81 所示。

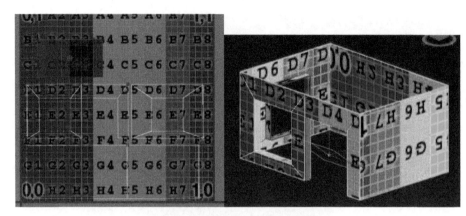

图 3-2-79　检查调整 UV 方向

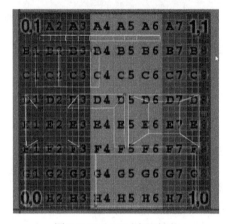

图 3-2-80　UV 展开完成

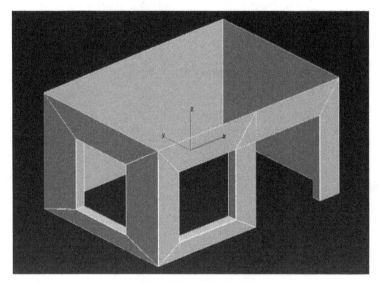

图 3-2-81　将低模墙体转换为可编辑多边形

(6) 给低模墙体添加【编辑法线】修改器，并导出 OBJ 格式文件，将其命名为"qiang_low"，保存在民居 /bahou/qiangmian 文件夹中，如图 3-2-82 所示。

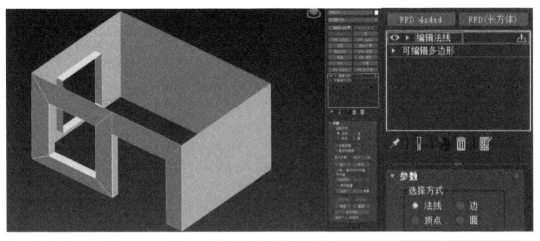

图 3-2-82　导出低模 OBJ 格式文件

(7) 将高模墙面全选并导出 OBJ 格式文件，将其命名为"qiang_high"，也保存在民居 /bahou/qiangmian 文件夹中，如图 3-2-83 所示。

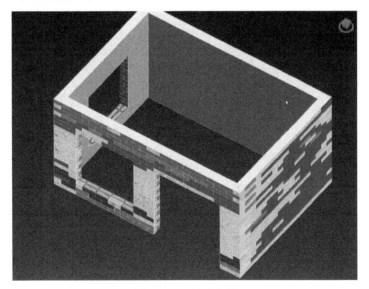

图 3-2-83　导出高模

七、民居贴图烘焙与制作材质

民居贴图烘焙与制作材质的步骤如下：

(1) 打开八猴软件，新建 baker，导入低模和高模文件，然后单击烘焙组，将低模和高模拖动到烘焙组对应的位置，如图 3-2-84～图 3-2-86 所示。

民居贴图烘焙、材质制作

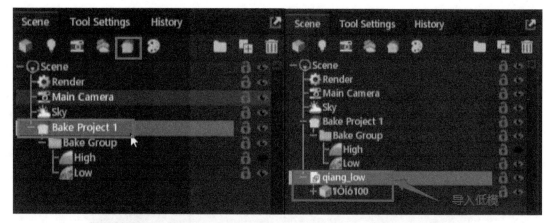

图 3-2-84　导入低模

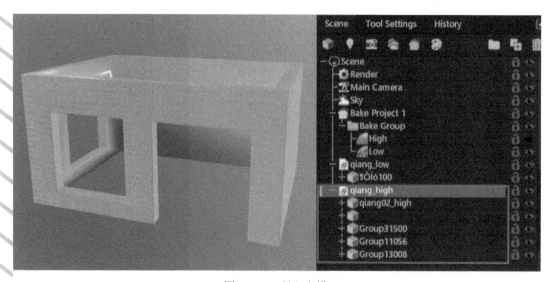

图 3-2-85　导入高模

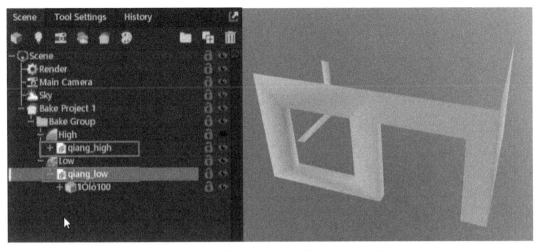

图 3-2-86　将低模和高模拖动到烘焙组对应的位置

（2）单击烘焙组，将贴图保存在民居 /bahou/qiangmian/map 文件夹中，并设置烘焙贴图大小为 4096×4096，Samples 为 16x，同时勾选配置下法线贴图【Normals】，如图 3-2-87～图 3-2-89 所示。

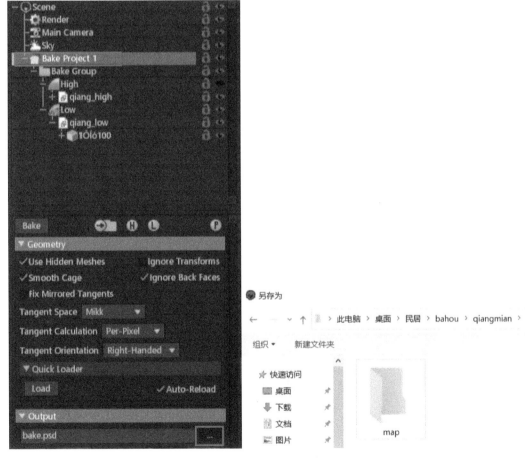

图 3-2-87　设置贴图保存路径

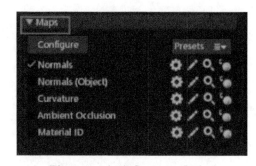

图 3-2-88 设置贴图大小及采样　　　　　　图 3-2-89 勾选【Normals】选项

(3) 单击烘焙，烘焙出一张法线贴图，然后隐藏高模，将烘焙好的贴图贴给低模，并检查贴图烘焙有无接缝问题，如图 3-2-90、图 3-2-91 所示。

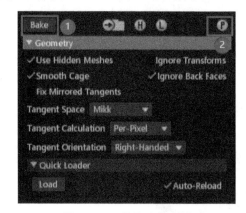

图 3-2-90 烘焙法线贴图

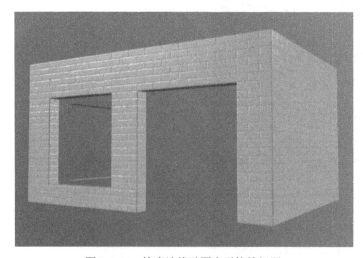

图 3-2-91 检查法线贴图有无接缝问题

(4) 新建材质球并将其改为红色，然后添加到砖缝上，使砖缝变为红色，如图 3-2-92 所示。

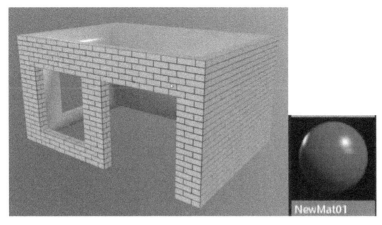

图 3-2-92　将红色材质赋予砖缝

(5) 同理，创建不同颜色的材质球，然后将这些材质球赋予不同的高模，方便进行墙面 ID 贴图烘焙，再勾选需要烘焙的贴图，如图 3-2-93、图 3-2-94 所示。

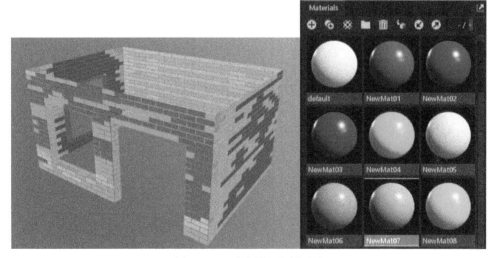

图 3-2-93　为高模添加材质球

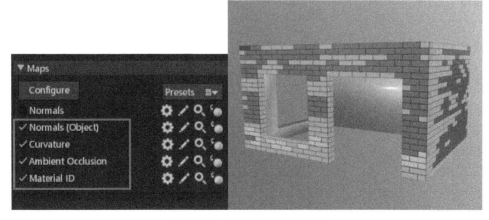

图 3-2-94　勾选需要烘焙的贴图

(6) 单击烘焙贴图，将贴图赋予低模，并检查贴图效果，烘焙完成后的贴图文件和贴图效果如图 3-2-95、图 3-2-96 所示。在贴图烘焙完成后，保存墙面项目文件。

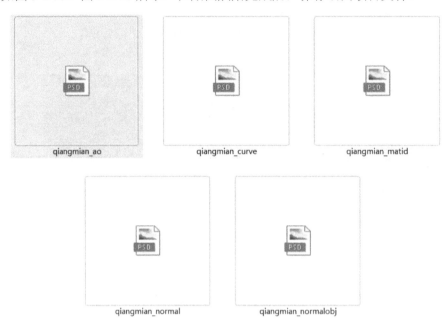

图 3-2-95　烘焙完成的贴图文件

图 3-2-96　贴图正常效果

(7) 打开 Substance Painter 软件进行墙面材质的制作。模板为 PBR-Matallic Roughness (allegorithmic)，项目设置如图 3-2-97 所示，然后选择墙面低模文件，添加烘焙好的贴图，如图 3-2-98、图 3-2-99 所示。

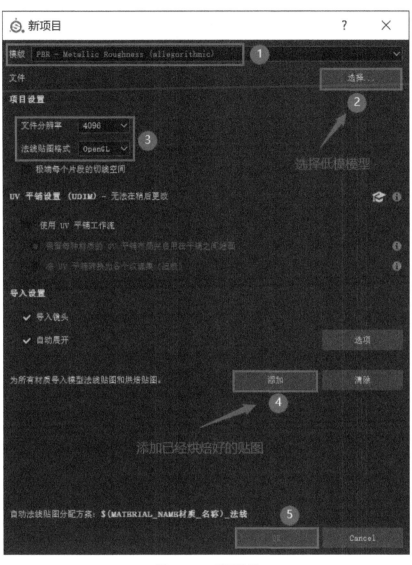

图 3-2-97　项目设置

桌面 ＞ 民居 ＞ bahou ＞ qiangmian ＞

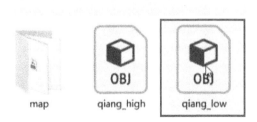

map　　　　qiang_high　　　　qiang_low

图 3-2-98　选择墙面低模

此电脑 › 桌面 › 民居 › bahou › qiangmian › map

qiangmian_ao   qiangmian_curv   qiangmian_mati   qiangmian_nor   qiangmian_nor
                e   d   mal   malobj

图 3-2-99　添加烘焙好的贴图

(8) 按住【Shift】键，单击鼠标右键来回滑动，会出现模型的光影效果，如图 3-2-100 所示。

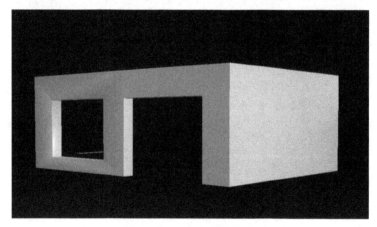

图 3-2-100　模型光影效果

(9) 在面板右侧，将导入的贴图指定给相应贴图通道，如图 3-2-101 所示。

图 3-2-101　贴图选择

(10) 单击烘焙模型贴图，烘焙面板中的设置如图 3-2-102 所示，然后将没有的贴图勾选出来，贴图在烘焙完成后会自动赋予低模，其效果如图 3-2-103 所示。

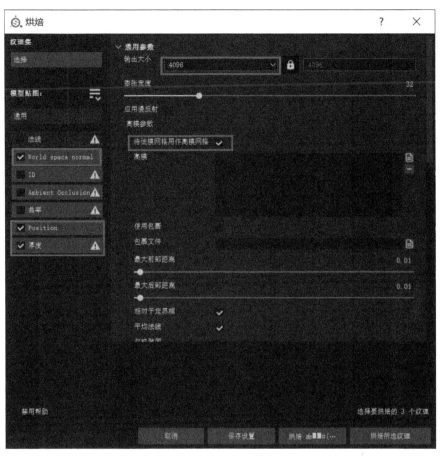

图 3-2-102　贴图烘焙设置

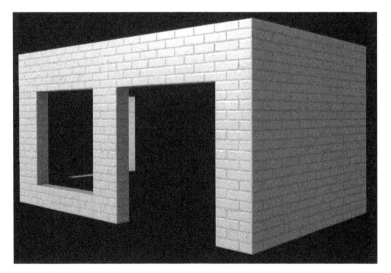

图 3-2-103　贴图烘焙后效果

(11) 在【图层】面板中新建填充图层，调整颜色为淡青色，设置金属度为 0，高度为 -0.8 左右，粗糙度为 0.6 左右，将它作为墙面的基础颜色，如图 3-2-104 所示。

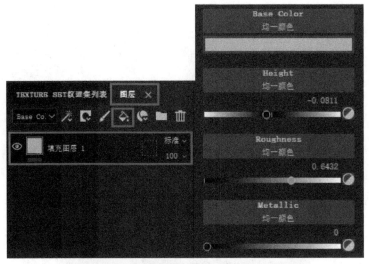

图 3-2-104　调节墙面底色

(12) 复制填充图层，单击鼠标右键添加黑色遮罩和生成器，选择【Dirt】，并调整填充颜色及材质参数，制作墙面脏迹，如图 3-2-105、图 3-2-106 所示。

图 3-2-105　添加黑色遮罩和生成器

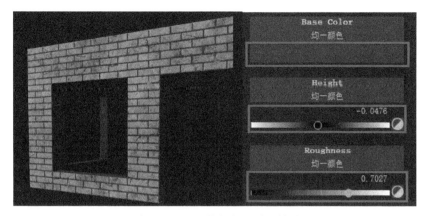

图 3-2-106　调整颜色遮罩及材质

(13) 复制填充图层，单击鼠标右键添加黑色遮罩和生成器，选择【Mask Builder-Legacy】，并调整填充颜色及材质参数，添加深色变化，如图 3-2-107、图 3-2-108 所示。

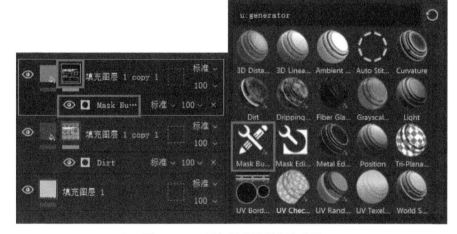

图 3-2-107　添加黑色遮罩和生成器

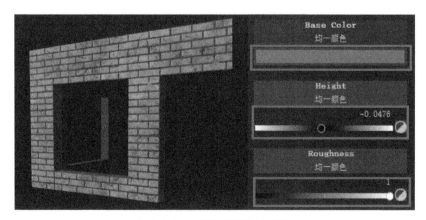

图 3-2-108　添加墙面深色变化

(14) 复制填充图层，单击鼠标右键添加黑色遮罩和生成器，选择【Mask Editor】，并调整填充颜色和材质参数，添加边缘效果，如图 3-2-109、图 3-2-110 所示。

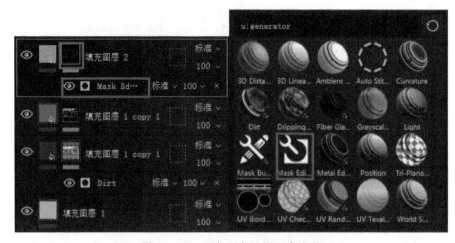

图 3-2-109　添加黑色遮罩和生成器

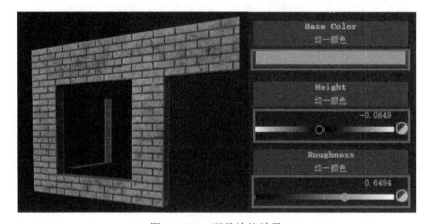

图 3-2-110　调整边缘效果

（15）调整所有图层的颜色、遮罩及相关参数，待确定效果后，创建文件夹，选择文件夹以下图层并拖拽，将其放置到该文件夹内，墙面材质的制作就完成了，如图 3-2-111、3-2-112 所示。

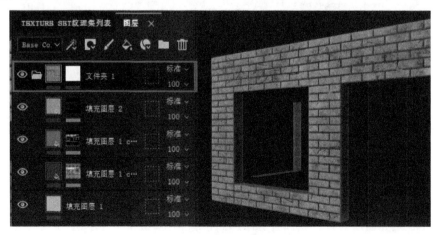

图 3-2-111　调整整体材质并放置到组

图 3-2-112　墙面材质完成效果

(16) 单击菜单栏中的【文件】，选择【导出贴图】，如图 3-2-113 所示。贴图导出的位置为桌面 / 民居 /sp/qiangmian_map 文件夹，导出设置如图 3-2-114 所示。

文件	编辑	模式	窗口	视图	Py
新建...		Ctrl+N			
打开...		Ctrl+O			
最近文件		▶			
打开样本...					
获取更多样本					
关闭		Ctrl+F4			
保存		Ctrl+S			
保存并压缩					
另存为...					
保存为副本...					
另存为模板...					
清理...					
Import resources导入资源...					
导出模型...					
导出贴图...		Ctrl+Shift+E			
退出					

图 3-2-113　导出贴图

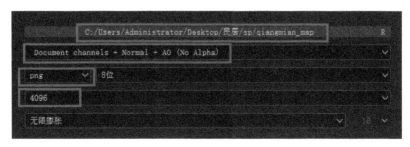

图 3-2-114　贴图导出设置

(17) 民居墙面贴图导出完成的状态如图 3-2-115 所示。

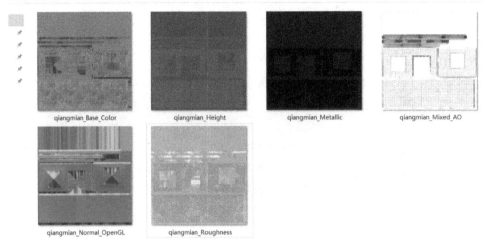

qiangmian_map

qiangmian_Base_Color　　qiangmian_Height　　qiangmian_Metallic　　qiangmian_Mixed_AO

qiangmian_Normal_OpenGL　　qiangmian_Roughness

图 3-2-115　民居墙面贴图导出完成

任务三　在虚幻引擎中渲染场景

在虚幻引擎中渲染场景主要包括导出模型、在虚幻引擎中导入三维资产、梳理材质和渲染输出等几个方面，其步骤如下：

(1) 在 3ds Max 软件中，把房子模型的各部分分别以 FBX 格式的文件导出，备用。

民居模型渲染输出

(2) 打开 UE4(虚幻引擎)。双击启动按钮或者双击桌面快捷图标，都可以打开引擎，如图 3-3-1 所示。

图 3-3-1　打开 UE4

(3) 在【选择或新建项目】面板中，选择【游戏】选项，如图 3-3-2 所示。

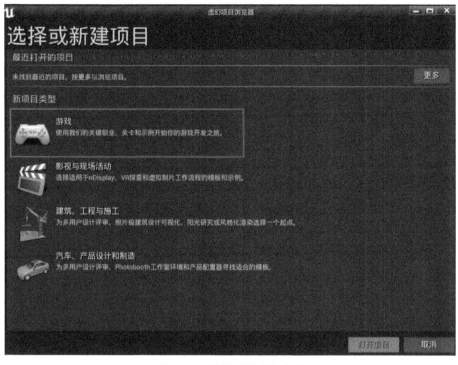

图 3-3-2 选择【游戏】选项

(4) 在【选择模板】面板中，选择【空白】，如图 3-3-3 所示。

图 3-3-3 选择【空白】模板

(5) 在【项目设置】面板中，设置保存路径和项目名称，如图 3-3-4 所示。

图 3-3-4　设置保存路径和项目名称

(6) 进入 UE4 界面后，可以看到它的布局，如图 3-3-5 所示 (可扫图旁二维码查看原图)。

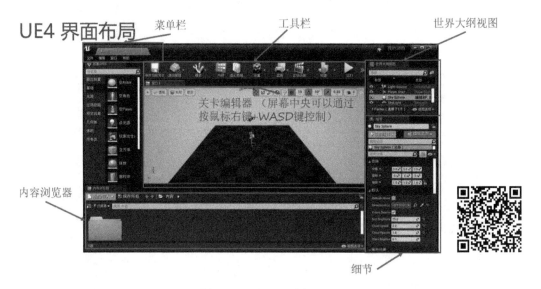

图 3-3-5　UE4 界面布局

(7) 在 UE4 中导入三维资产。单击【内容浏览器】前面的显示隐藏源面板图标，再在【内容】上右击鼠标并选择【新建文件夹】,创建一个新的文件夹,命名为"1",如图3-3-6所示。

图 3-3-6　创建文件夹

(8) 打开文件夹 1, 单击鼠标右键选择【添加 / 导入内容】下的【导入到 Gime/1】, 如图 3-3-7 所示。

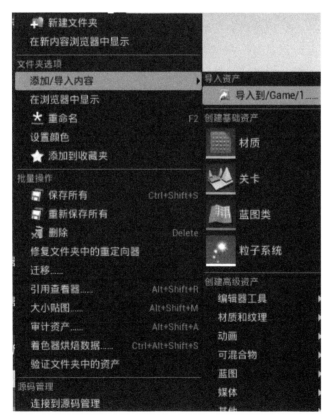

图 3-3-7　导入到选项位置

(9) 在弹出的窗口中, 选择前面在 MAX 中导出的 FBX 文件并将其导入。注意, 在导入窗口中【网格体】面板的【合并网格体】选项要打开, 这样可以保证导入的模型是一个对象, 如图 3-3-8 所示;【杂项】面板下的【转换场景单元】选项要打开, 这样就可以调整场景的大小, 不至于导入的模型过小或过大, 如图 3-3-9 所示。

图 3-3-8　打开【合并网格体】选项

图 3-3-9　打开【转换场景单元】选项

（10）搭建场景。把文件夹 1 中的三维资产拖到关卡中，注意要在对象的细节面板中把位置后面的黄色箭头点掉，确保位置归零。搭建好的场景如图 3-3-10 所示。

图 3-3-10　搭建完成的场景

三维数字模型制作与渲染（微课版）

(11) 梳理材质。在【内容】下面新建一个文件夹，命名为"cj"，并把八猴中烘焙的贴图拖入该文件夹，如图 3-3-11 所示。

图 3-3-11　将贴图文件拖入文件夹 cj

(12) 选择墙面模型，在它的细节面板中双击材质中的元素 1，进入墙面的材质制作，修改基础颜色、粗糙度和法线的参数，如图 3-3-12 所示。

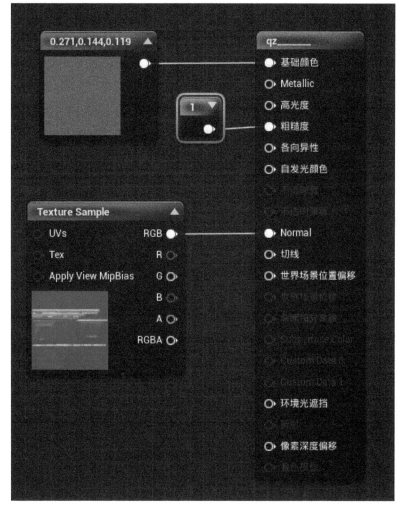

图 3-3-12　设置墙面材质参数

(13) 选择地面模型，在它的细节面板中双击材质中的元素 0，进入地面石材质的编辑，其参数如图 3-3-13 所示。

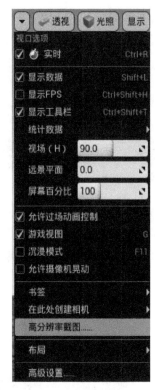

图 3-3-13　设置地面石材质参数　　　　　图 3-3-14　【高分辨率截图】选项

(14) 依次根据模型的材质色彩来调整其参数，从而完成材质的整理。

(15) 捕获高清图。单击视口左上角的小三角图标，打开【视口选项】面板，选择【高分辨率截图】选项，如图 3-3-14 所示。

(16) 在弹出的【高分辨率截图】窗口中，依次按图 3-3-15 所示的方法进行操作，便可以得到图 3-3-16 所示的高分辨率截图。

图 3-3-15　高分辨率截图方法

图 3-3-16　高分辨率截图

　　到这里，场景民居主体制作就完成了。通过此案例，学习了 PBR 制作流程，掌握了利用 3ds Max 软件创建三维模型的方法、在 ZBrush 软件中处理高模的方法、在 SP 软件中制作材质以及在 UE4 中进行渲染的方法。

课后拓展

1. 学习反思

通过本模块的学习与制作，掌握了哪些技能？从制作的过程中得到了什么感悟？

2. 拓展案例

(1) 试着用制作墙面材质的方法制作门和窗的材质。

(2) 试着制作院子围墙的中模。

(3) 尝试把院子和房子一起导入到虚幻引擎中并进行渲染输出。

4

模块四　人物角色模型制作案例

教学目标

知识目标

1. 了解人物角色模型制作与渲染的流程。
2. 掌握人物角色模型的制作方法。
3. 掌握次世代角色模型的制作流程。

能力目标

1. 提升模型制作的技术能力。
2. 能熟练掌握次世代角色模型的制作方法。
3. 培养学生项目管理与协作的能力。

素质目标

1. 培养学生的耐心与毅力。
2. 提高学生的审美能力和对美的敏感度。
3. 培养学生对自己作品的责任感，认真对待每一个制作环节，确保作品质量，提升学生的责任心。

思政目标

1. 传承中华优秀文化。
2. 培养勤劳与自律的品质。
3. 弘扬民族精神。

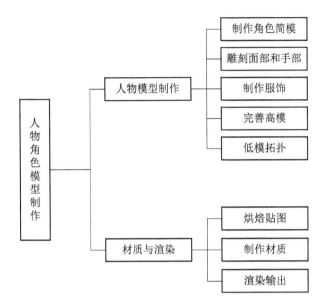

人物角色模型制作分析

本角色是《闻鸡起舞》故事中的主角，刻画的是一个古代村落中的舞剑青年，服装需要配合角色实际，制作比较服帖包裹性强的服饰，发型是束扎短发形式。因此，服装与发型借鉴和项目类似的角色原画，考虑后续动画部分将其做成长衣短袖设计，且为了符合村落的感觉，服饰上的装饰元素尽量减少，适当加一些破损，角色设计参考图 4-1。

图 4-1　角色设计

脸部为美型风格，可参考《仙武帝尊》男主角风格，如图 4-2、图 4-3 所示。

图 4-2 脸部设计参考（一）

图 4-3 脸部设计参考（二）

任务一 人物模型制作

本任务中的角色因为后续会制作动画，因此使用 Maya 软件制作模型，这样可以省去不同软件间互相导出导入的麻烦。制作人物模型主要包括制作角色简模、雕刻面部和手部、制作服饰、完善高模和低模拓扑等几个方面。下面进行详细介绍。

一、制作角色简模

制作角色简模的步骤如下：

(1) 在场景中创建 2 个立方体并进行调整，分别将它们作为头部和躯干的基础，如图 4-1-1 所示。

头部模型制作

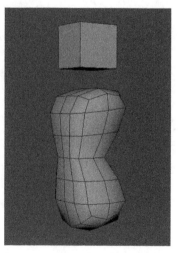

图 4-1-1 创建头部和躯干基础模型

三维数字模型制作与渲染（微课版）

(2) 继续对头部基础模型进行调整，如图 4-1-2 所示。

(3) 制作腿部和脚部模型，其完成状态如图 4-1-3 所示。

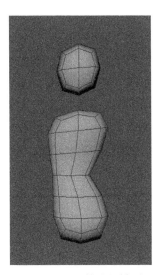

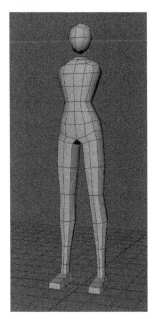

图 4-1-2　调整头部模型　　　　图 4-1-3　腿脚模型完成状态

(4) 制作胳膊模型，其完成状态如图 4-1-4 所示。

(5) 完成手部模型，其最终状态如图 4-1-5 所示。

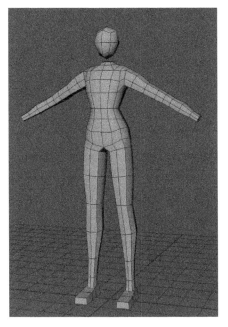

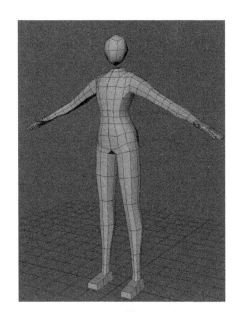

图 4-1-4　胳膊模型完成状态　　　　图 4-1-5　手部模型完成状态

(6) 制作头部细节，其完成状态如图 4-1-6 所示。

(7) 继续细化身体模型，其完成状态如图 4-1-7 所示。

身体模型制作

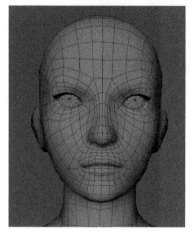

图 4-1-6　头部细节模型完成状态

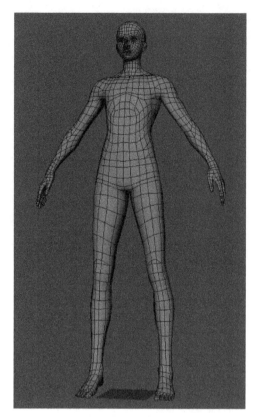

图 4-1-7　角色身体模型完成状态

　　简模制作完成后就可以导出 OBJ 格式的文件，以备在 ZBrush 里面进行细节雕刻时使用。

二、雕刻面部和手部

　　把简模导入 ZBrush 软件，再进行面部和手部的雕刻。

　　1. 雕刻前准备

　　雕刻前的准备工作如下：

　　(1) 单击透视开关，关闭透视，如图 4-1-8 所示。

面部和手部雕刻

图 4-1-8　透视开关

　　(2) 在【工具】面板中的【几何体编辑】面板下，单击【细分网格】按钮，增加一级细分，如图 4-1-9 所示。

(3) 在【变换】菜单下开启 X 轴对称，如图 4-1-10 所示。

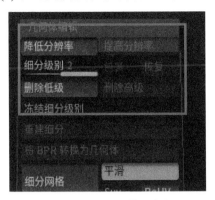

图 4-1-9 【细分网格】按钮

图 4-1-10 开启 X 轴对称

(4) 在雕刻基础结构时，常用的笔刷有 Standard、ClayBuildup、DamStandard、Move、Flatten 等，可以在窗口左侧的笔刷面板中找到它们。按下空格键，在弹出的快捷菜单中，将常用的几个笔刷强度调小，如图 4-1-11 所示。在【笔触】菜单下开启【Lazy Mouse】，并将【延迟步进】改为 0.05，如图 4-1-12 所示。

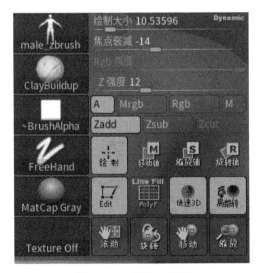

图 4-1-11 常用的笔刷

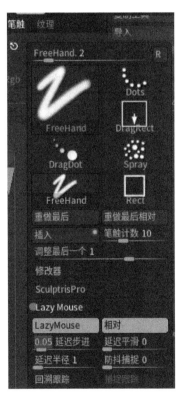

图 4-1-12 调整【延迟步进】选项

2. 面部雕刻

在雕刻基础结构的过程中，通过对基础模型的加工来添加细节，使角色模型更有生气，更像真实的人。

1) 鼻子雕刻

雕刻鼻子的注意事项及小技巧如下：

(1) 为了从下方观察更为方便，可以隐藏头部以外的模型，方法是按住【Ctrl + Shift】和鼠标左键拖拽绿色部分，使其为单独显示部分，如图 4-1-13、图 4-1-14 所示。

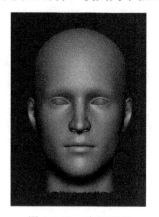

图 4-1-13　头部正面

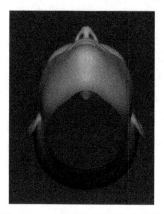

图 4-1-14　隐藏头部以外的模型

(2) 参照图 4-1-15～图 4-1-18 塑造出鼻子的大体轮廓。注意，不要用平滑，留下笔触。

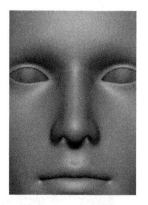

图 4-1-15　角色面部

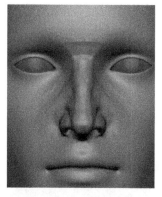

图 4-1-16　鼻子正面

图 4-1-17　鼻子侧面（一）

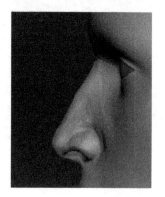

图 4-1-18　鼻子侧面（二）

(3) 图 4-1-19 和图 4-1-20 所示的为较硬转折面及在进行雕刻时要注意的点。

(4) 注意鼻梁的宽窄变化，如图 4-1-21 所示。

图 4-1-19　侧面硬转折

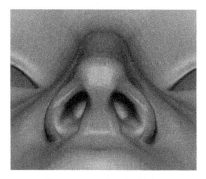
图 4-1-20　底面硬转折

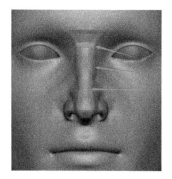
图 4-1-21　鼻梁的宽窄变化

2) 眼睛雕刻

雕刻眼睛的注意事项及小技巧如下：

(1) 在调节眼皮的厚度时，开启背面遮罩不会影响到背面表面，选择【笔刷】菜单→【自动遮罩】→【背面遮罩】，如图 4-1-22 所示。

图 4-1-22　背面遮罩

(2) 在调节双眼皮的关系时，使用遮罩调整更为方便，如图 4-1-23 所示。

(3) 参照图 4-1-24～图 4-1-27 塑造出眼睛的大体轮廓，注意额头、眼眶的塑造。

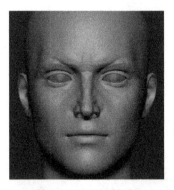

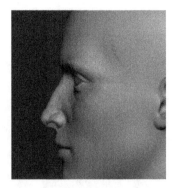

图 4-1-23　眼皮遮罩　　　　　图 4-1-24　正面眼部　　　　　图 4-1-25　侧面眼部 (一)

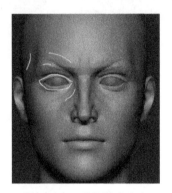

图 4-1-26　侧面眼部 (二)　　　　　　　图 4-1-27　眼部肌肉走向

3) 嘴巴雕刻

快速上下唇分组独立显示的方法是在调整上下唇时回到最低细分，按【W】键弹出方向轴，然后在嘴角位置按下【Ctrl】键配合方向轴拖拽，可以快速得到一半嘴唇的遮罩，再按【Ctrl + W】键可以快速将遮罩转换成组，如图 4-1-28、图 4-1-29 所示。

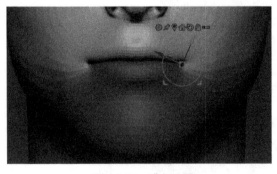

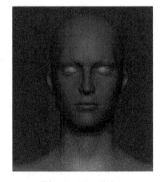

图 4-1-28　嘴部遮罩　　　　　　　　　图 4-1-29　分组

对嘴巴细节进行雕刻时需要用到的方法和技巧如下：

(1) 快速隐藏独立显示组：在按住【Ctrl + Shift】键并单击某个组时可以快速单独显示该组，再次单击可以进入隐藏组模式。

(2) 快速遮罩组：按住【Ctrl】键并单击某组可以快速遮罩该组。

(3) 开启双面显示：选择【工具】→【显示属性】→【双面显示】，如图 4-1-30 所示。

三维数字模型制作与渲染 (微课版)

便于观察口腔或嘴唇部分的分组是否正确，若没有正确分组，则及时修正。

图 4-1-30　双面显示

根据以上提示技巧，参照图 4-1-31～图 4-1-35 雕刻出嘴巴的细节。

　　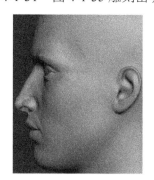　　

图 4-1-31　嘴巴正面　　　　图 4-1-32　嘴巴侧面 (一)　　　图 4-1-33　嘴巴侧面 (二)

　　　　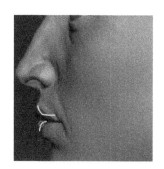

图 4-1-34　嘴巴正面肌肉走向　　　　图 4-1-35　嘴巴侧面肌肉走向

4) 耳朵雕刻

雕刻耳朵的注意事项及小技巧如下：

(1) 塑造耳框时可以通过遮罩来拖拽耳框，如图 4-1-36 所示。

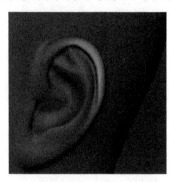

图 4-1-36　拖拽耳框

(2) 参照图 4-1-37～图 4-1-39 塑造出耳朵细节。

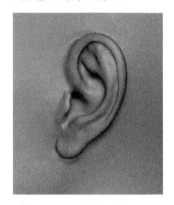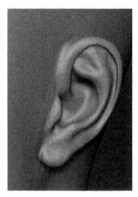

图 4-1-37　耳朵背面　　　图 4-1-38　耳朵正面 (一)　　　图 4-1-39　耳朵正面 (二)

5) 脸颊、额头、下颚等轮廓的雕刻

参照图 4-1-40～图 4-1-42 雕刻出脸颊、额头、下颚的轮廓。

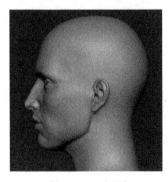

图 4-1-40　侧面　　　　　　图 4-1-41　正面　　　　　　图 4-1-42　斜侧

6) 脖子部分的塑造

考虑到衣服的设计因素，锁骨以下的部分都会被遮住，因此只需雕刻能显露出来的部分。参照图 4-1-43、图 4-1-44 雕刻出脖子部分。

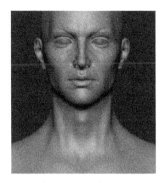
图 4-1-43　脖子正面

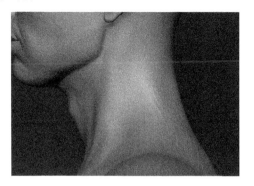
图 4-1-44　脖子侧面

7) 对角色面部进行整体调整

整体调整面部的注意事项及小技巧如下：

(1) 收缩下巴，弱化下颚和颧骨的轮廓，如图 4-1-45、图 4-1-46 所示。

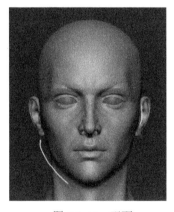
图 4-1-45　正面

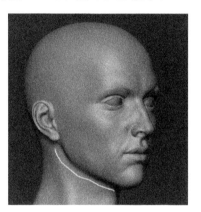
图 4-1-46　侧面

(2) 在升高一级细分情况下开始 smooth 平滑，着重平滑脸颊区域，如图 4-1-47 所示。

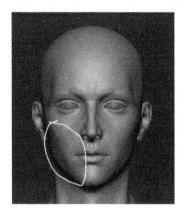
图 4-1-47　平滑脸颊

(3) 调整眉弓、眼框以及眼皮的位置，如图 4-1-48 所示。

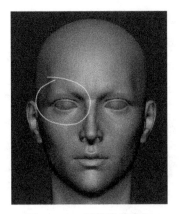

图 4-1-48　调整眼部周围

(4) 注意调整眼睑结构以及眼皮的包裹性，添加泪阜，并处理眼角结构，如图 4-1-49、图 4-1-50 所示。

图 4-1-49　眼睑调整

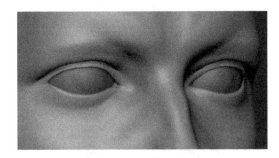

图 4-1-50　眼角调整

3. 手部雕刻

雕刻手部的步骤如下：

(1) 将细分升级到合适的级别，雕刻手部基础大型，如图 4-1-51、图 4-1-52 所示。

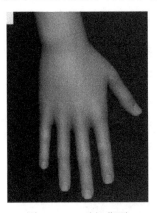

图 4-1-51　手部背面

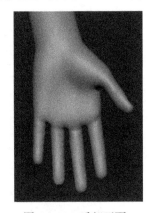

图 4-1-52　手部正面

(2) 注意整体形状以及指骨所形成的一根一根块状的体积，同时注意指尖、指肚的横截面形状。参考图 4-1-53～图 4-1-56 雕刻手部。

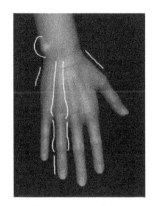

图 4-1-53　手背细节

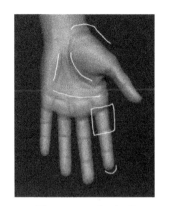

图 4-1-54　手心细节

图 4-1-55　手指末端细节

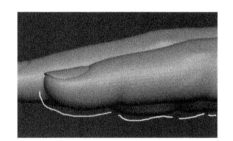

图 4-1-56　手指侧面

(3) 细化。再升级一次细分后平滑，然后进行细节处理 (因为持剑握拳多，所以主要处理手背)，如图 4-1-57、图 4-1-58 所示。

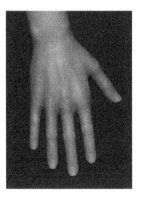

图 4-1-57　手背细化

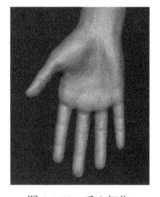

图 4-1-58　手心细化

面部和手部高模雕刻完成后，把角色模型以 OBJ 格式的文件导出，将其作为备用。接下来制作服饰模型。

三、制作服饰

角色服饰包括服装和鞋子。下面介绍制作服装和制作鞋子的方法。

1. 制作服装

使用 MD 软件制作本案例的服装。

服饰制作

1) MD 软件的操作基础

打开软件，如图 4-1-59 所示，其中分为三维视图（左）和平面二维视图（右）。三维视图主要用于观察以及调整制作的衣服在模型上的贴合度，二维视图主要用于制作衣服的样式。界面的最右边用于编辑衣服的布料、颜色等属性。

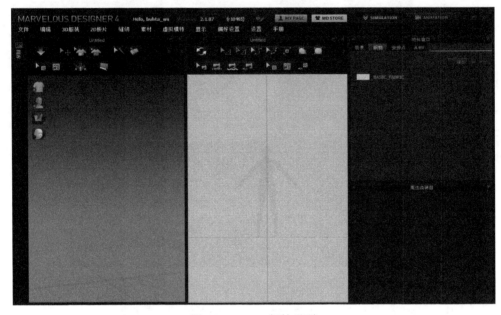

图 4-1-59　MD 初始界面

单击文件可以加载自己的模型或者打开之前保存的项目文件，也可以使用软件自带的模特库。单击【设置】→【用户自定义】→【视图控制】，可以更改三维视图的操作方式，如 Maya、3ds Max 等，如图 4-1-60 所示。

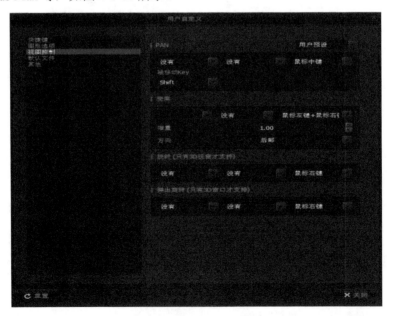

图 4-1-60　【用户自定义】窗口

在【偏好设置】菜单中，可以设置模特坐标的显示方式，一般选择世界坐标，如图 4-1-61 所示。

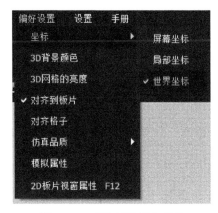

图 4-1-61 【偏好设置】菜单

在加载自己的模型时，如果出现模特坐标错乱，则需要在导入页面时更改坐标朝向，如图 4-1-62 所示。

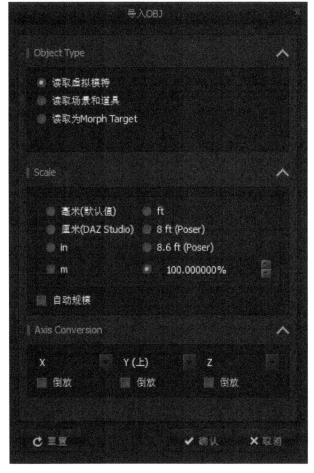

图 4-1-62 修改坐标朝向

制 作 衣 服

首先在二维视图中，创建多边形和其他形状来制作衣服板片，使用【编辑】工具编辑衣服样式，如图 4-1-63 所示。

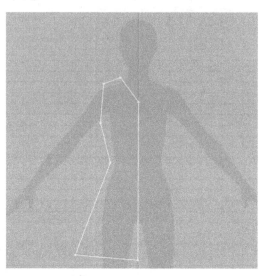

图 4-1-63 编辑衣服样式

然后选中板片，单击右键，在弹出的菜单中选择【分割】来增加操作点，从而更好地调整衣服样式。在调整好一半后选中板片，再单击右键，在弹出的菜单中选择【克隆】，克隆出另一半，如图 4-1-64 所示。

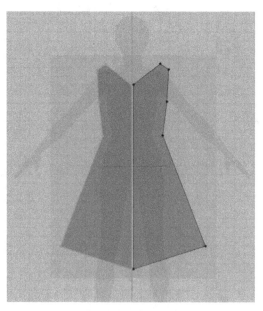

图 4-1-64 克隆板片

三维数字模型制作与渲染（微课版）

再把鼠标指针指向板片中间的边，单击鼠标右键选择【对称合并】，将其合并在一起，如图 4-1-65 所示。

图 4-1-65　合并

然后在三维视图中调整板片在模特上的位置和距离，再在二维视图中通过镜像粘贴出一块背部板片，如图 4-1-66 所示。

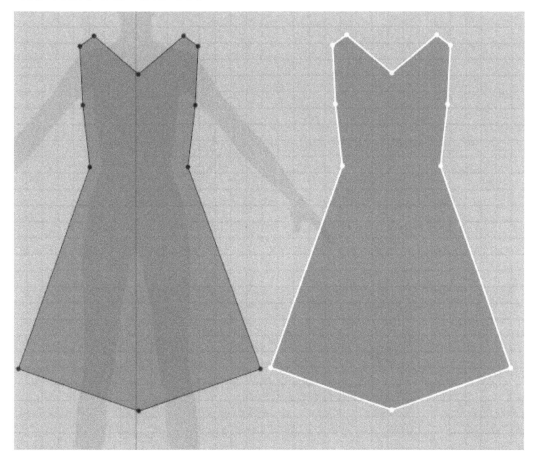

图 4-1-66　镜像板片

再在三维视图中把复制出来的板片移动到模特背后，调整好位置并单击右键进行水平翻转，如图 4-1-67 所示。

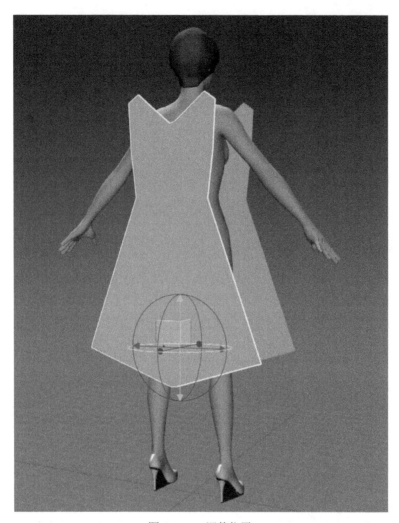

图 4-1-67　调整位置

之后单击缝纫线链接两个板片，确保每个点与之对应的点相连接，每条缝纫线都是平行的，没有缝纫线的穿插。连接好后单击【快速】选项，如图 4-1-68 所示。

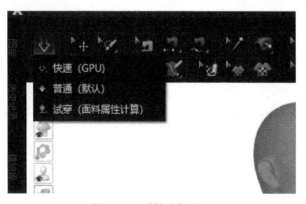

图 4-1-68　【快速】选项

在解算过程中，可以用鼠标拖拽衣服，使其有更好的解算效果，如图 4-1-69 所示。

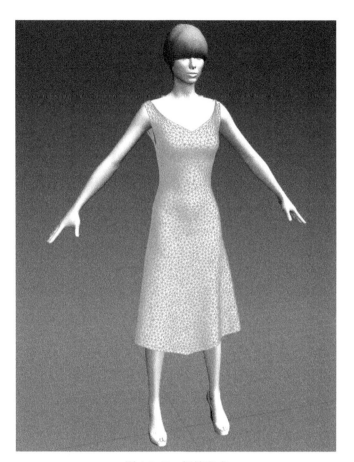

图 4-1-69　解算完成

到这里，介绍完了 MD 软件的基本使用方法，接下来开始制作角色的衣服，由于角色后续有舞剑的动画，所以为它制作一短一长两件衣服，下面以短衣服为例来进行学习。

2) 制作角色服饰

制作角色服饰的步骤如下：

(1) 打开软件导入角色低模，设置参数如图 4-1-70 所示。

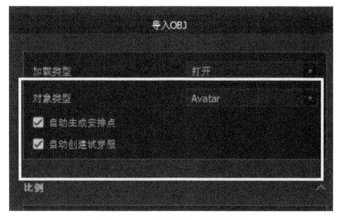

图 4-1-70　模型导入设置参数

模型导入后的界面如图 4-1-71 所示。

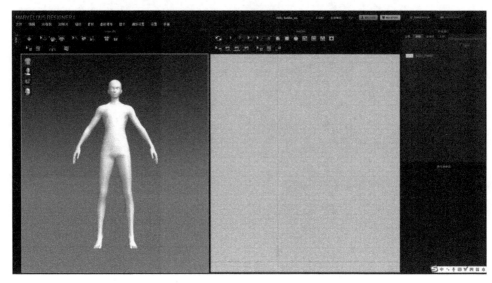

图 4-1-71　模型导入后的界面

(2) 在 2D 视图中制作衣服板片，要注意各部分分层级的关系，层参数越大，布料越膨胀。设置层参数如图 4-1-72 所示。

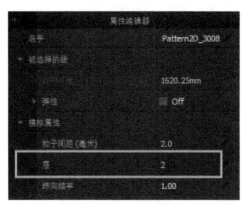

图 4-1-72　层参数设置

(3) 制作护手。制作板片，对称板片后克隆连动板片，将会得到 4 个可以一起调节的板片，如图 4-1-73 所示。

图 4-1-73　克隆连动板片

然后将内部线互相缝纫从而得到收缩效果，如图 4-1-74 所示。

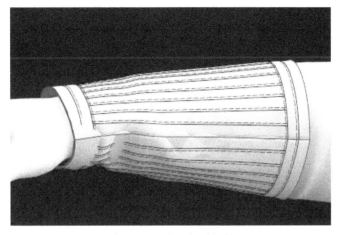

图 4-1-74　完成护手解算

(4) 制作内衣。参照图 4-1-75 制作内衣板片。

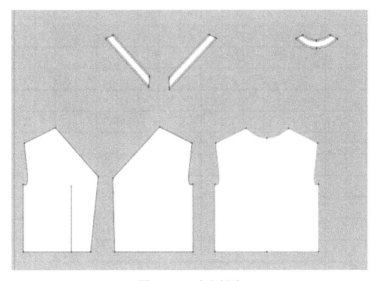

图 4-1-75　内衣板片

内衣解算后效果如图 4-1-76 所示。

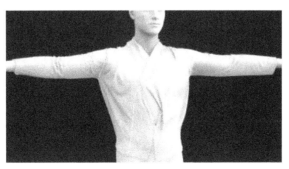

图 4-1-76　内衣解算后效果

(5) 制作外衣。参照图4-1-77所示制作外衣板片。

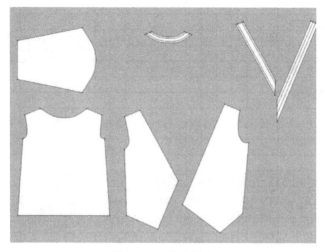

图4-1-77　外衣板片

外衣解算后效果如图4-1-78所示。

图4-1-78　外衣解算后效果

(6) 制作腰带。参照图4-1-79制作腰带板片。

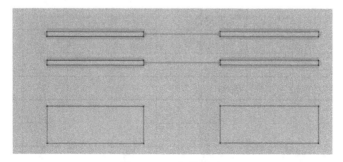

图4-1-79　腰带板片

腰带解算后效果如图 4-1-80 所示。

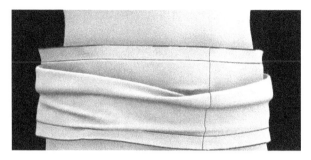

图 4-1-80　腰带解算后效果

在腰带解算过程中，可以适当使用【Ctrl + W】固定针进行拉扯牵引，将会得到更好的效果。

(7) 制作裤子。参照图 4-1-81 所示制作裤子板片。

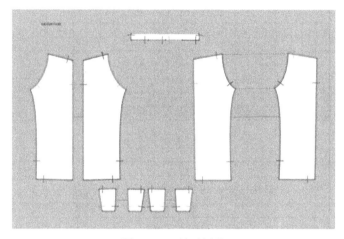

图 4-1-81　裤子板片

裤子解算后效果如图 4-1-82 所示。

图 4-1-82　裤子解算后效果

(8) 衣物的所有部分解算完成后，开始导出模型，删掉内部不需要的面。但是删除后高模容易断开，要注意重新连接，如图 4-1-83、图 4-1-84 所示。

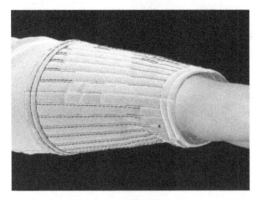

图 4-1-83　整理模型（一）

图 4-1-84　整理模型（二）

(9) 将粒子间距的值适当增加，然后进行解算使服装更平滑，如图 4-1-85 所示。

图 4-1-85　粒子间距调整

(10) 在【3D 服装】菜单下选择【四方格】，把服装模型重置网格，如图 4-1-86 所示。

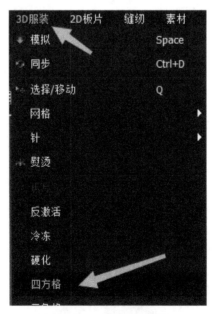

图 4-1-86　服装重置网格

(11) 对衣服进行导出设置，如图 4-1-87 所示。

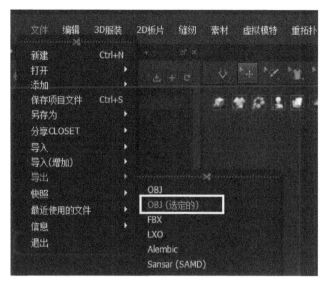

图 4-1-87　导出设置

(12) 选择对应参数，如图 4-1-88 所示。

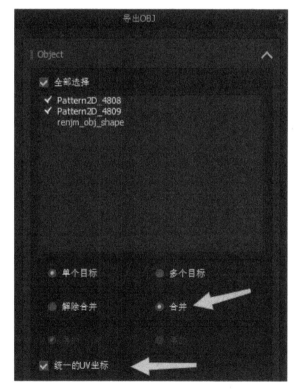

图 4-1-88　导出参数设置

至此，就完成了服装模型的导出。

2. 制作鞋子

在 Maya 软件里面完善鞋子模型，其具体步骤如下：

(1) 在 Maya 中导入裤子和脚模型，从脚掌开始拓扑鞋子，注意要将转角处制作成四边面，如图 4-1-89、图 4-1-90 所示。

图 4-1-89　鞋子底部布线

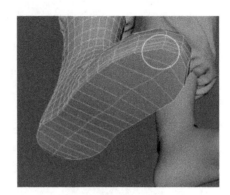
图 4-1-90　鞋子转角处布线

(2) 按数字键【3】切换到平滑模式，配合 Maya 雕刻笔刷调整鞋子大小至适配状态，如图 4-1-91、图 4-1-92 所示。

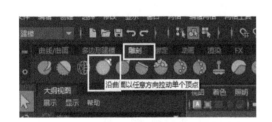
图 4-1-91　雕刻笔刷

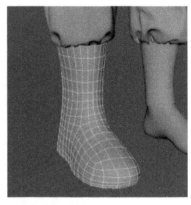
图 4-1-92　鞋子适配状态

(3) 再平滑一次后，按中线及鞋底 (将鞋底 UV 打直) 分好 UV，然后导出 OBJ 格式的文件，其状态如图 4-1-93 所示。

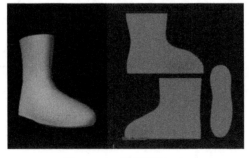
图 4-1-93　鞋子展平 UV

(4) 在【加载类型】栏的【添加】选项中,选择【Garment】导入 Marvelous,并选择【在 UV 图中勾勒 2D 板片】,如果大小有问题可以修改百分比,如图 4-1-94 所示。

图 4-1-94 导入文件设置

(5) 修改好缝纫线，如图 4-1-95 所示。

图 4-1-95 修改缝纫线

(6) 把除鞋帮以外的部分冷冻，将鞋帮附近硬化或更改布料材质，解算鞋面部分，完成鞋子模型的制作，如图 4-1-96 所示。

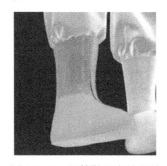

图 4-1-96 解算鞋子上的布料

四、完善高模

完善高模主要包括调整服装高模和鞋子高模以及制作毛发。

1. 服装高模调整

从 MD 软件导出的服装高模在调整时可以将高低模型合成一个子工具，然后将其一起

完善高模

进行调节，之后再分开，如图 4-1-97 所示。

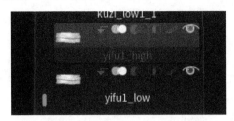

图 4-1-97　子工具分离

在从 MD 导出高模前，可以在其雕刻模式下对部分过大褶皱进行平滑处理，如图 4-1-98 所示。

图 4-1-98　平滑过大褶皱

2. 鞋子高模雕刻

因为本案例里的鞋子质感较硬，所以进行手动雕刻，把厚棉布的硬质感觉表现得更充分些，如图 4-1-99～图 4-1-101 所示。

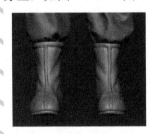

图 4-1-99　鞋子正面

图 4-1-100　鞋子背面

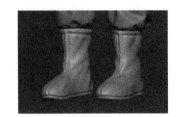

图 4-1-101　鞋子侧面

3. 制作毛发

制作毛发的步骤如下：

(1) 创建基础形体，部分需要棱角的位置注意卡线，展好 UV 后进行复制，然后一片一片地调整以符合头形。单个发片如图 4-1-102 所示。

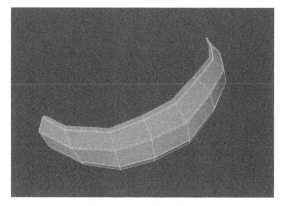

图 4-1-102　单个发片

(2) 根据头发的长度适当调整分段，以便适应头部模型，如图 4-1-103 所示。

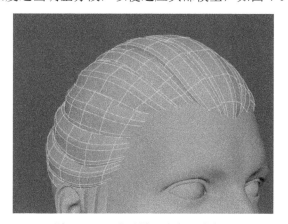

图 4-1-103　发片铺出头发的基本形

(3) 大概铺好基本形后，为发片拆分 UV，根据预先找好的发片素材图摆放 UV，如图 4-1-104 所示。

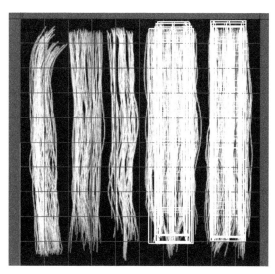

图 4-1-104　发片拆分 UV

(4) 铺好第一层后查看渲染效果，由于发片的素材图密度不够，需要再复制一层发片，稍微缩放调整并放于底部充当第二层头发，然后调整 UV 尽量遮住头部模型，如图 4-1-105 所示。

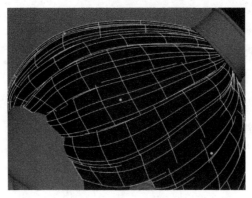

图 4-1-105　复制发片

(5) 在原有模型上提取窄发片，将其当作浮起来的第三层头发，第三层头发发梢可以往前移动来增强细节感，如图 4-1-106、图 4-1-107 所示。

图 4-1-106　制作头发细节

图 4-1-107　头发完成

(6) 添加眉毛和睫毛，最终效果如图 4-1-108 所示。

图 4-1-108　毛发完成效果

高模调整完成，接下来准备拓扑低模。

五、低模拓扑

现在以一个小案例先把拓扑的基本方法介绍清楚，然后根据整个思路对高模进行拓扑。

1. 拓扑的基本方法

PBR 流程的三维拓扑是必不可少的一个制作环节。拓扑的意义在于让高精度、高细节的模型以最低的面呈现。因为游戏引擎的技术和现在计算机硬件技术的限制，在游戏运行中是不可能直接用使用高模的，而高模上的细节通过烘焙的法线图贴于拓扑出来的低模来展现，所以只需要拓扑出高模的大轮廓和大的起伏。

常见的三维软件都有拓扑的工具，如 Maya、3ds Max、blender 以及本书要介绍的 TopoGun3 等。

下面以 TopoGun3 为例介绍拓扑的方法，其具体步骤如下：

(1) 打开 TopoGun3，最上面为菜单栏，选择【文件】菜单中的【载入网络】加载模型，如图 4-1-109 所示。

(2) 加载模型后，关闭菜单栏上的【显示轮廓】、【显示边界框】和【显示顶点色】3个选项，以便更好地进行拓扑，如图 4-1-110 所示。

图 4-1-109 加载模型

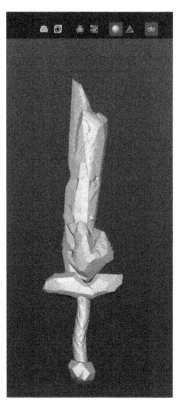

图 4-1-110 设置拓扑显示

注意：不管是使用哪个软件进行拓扑，进入该阶段的模型都应该是减面后的模型，以防软件卡顿。

(3) 按【X】键可以开启对称操作，单击右上角的对称按钮可以更改对称的方向和调整对称轴的位置，如图 4-1-111、图 4-1-112 所示。

(4) 在视图左下角可查看当前模型的面数、顶点数等，如图 4-1-112 所示。

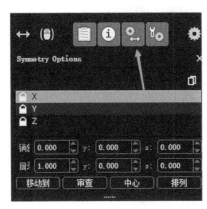

图 4-1-111　对称按钮

图 4-1-112　当前模型面数信息

(5) 单击创建网格按钮，如图 4-1-113 所示。

以上几步操作相当于新建了一个图层做拓扑，创建好后左边会出现一排工具，一般来说使用第二个 (即创建工具，其快捷键为【C】)，如图 4-1-114 所示。

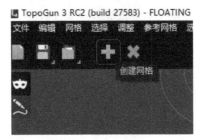

图 4-1-113　创建网格按钮的位置

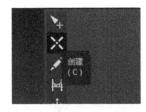

图 4-1-114　创建工具位置

以点的方式在高模上创建四边面。大于四个点是不会构成面的，如图 4-1-115 所示，其中灰色为创建的四边面，是正确的；白色为多边面，是错误的。

如果单击后没有生成面，则勾选创建工具下的【自动选择】选项，如图 4-1-116 所示。

图 4-1-115　创建四边面

图 4-1-116　【自动选择】选项

如果想要两个点合并在一起，选择 (快捷键为【E】) 其中一个点，然后按住【Ctrl】键和鼠标左键将其拖拽至另一个点就能实现合并。

注意：拓扑是为了让低模能展现出高模的细节，而只需要大概地拓扑出大轮廓。拓扑的禁忌是在高模的基础下又拓扑出一个高面数模型。拓扑的走线是根据高模雕刻的棱角勾勒出的大致结构，如图 4-1-117 所示。

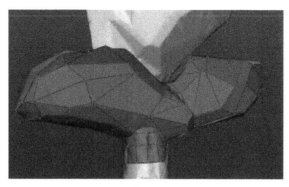

图 4-1-117　拓扑布线

创建时往往只对最高点和最低点进行拓扑，当中间的细节起伏很大时再去添加面，微小的细节全靠法线贴图。如果是起伏很大的凹凸结构，比如很明显的凹陷沟壑，此时只需要布线一个 V 字形结构，即在沟壑的两边各一条边，沟壑深处一条边，如图 4-1-118 所示。

如果一个平面上有很大的突出结构，就根据突出结构的棱角布线，如图 4-1-119 所示。

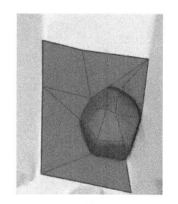

图 4-1-118　拓扑凹陷布线　　　　图 4-1-119　拓扑突出结构布线

场景、道具的布线要求没那么严格，以最少面数且能够后边法线贴图在低模上展现高模最大细节为优，在大轮廓的情况下允许存在三角面，也允许一个点多根线。如果是角色拓扑并且会将其做动画，那么它的拓扑要严格要求布线的结构。

2. 角色低模拓扑

可以用以上这个软件对模型进行分部位拓扑，也可以用以下的方法对角色进行拓扑。

拓扑角色低模的步骤如下：

(1) 简单且大块的物体可以使用 MD 的【智能拓扑】选项进行布线，此处对服装进行布线，如图 4-1-120 所示。

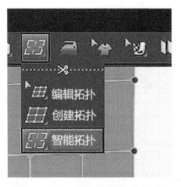

图 4-1-120 【智能拓扑】选项

(2) 沿边线连接，可自定义段数，最终确定即可获得拓扑，单击【编辑拓扑】可以增加细分，单击【创建拓扑】可以增加线段，如图 4-1-121 所示。

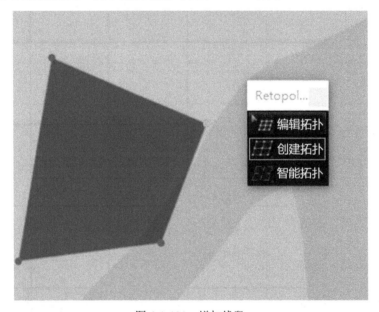

图 4-1-121 增加线段

(3) 确定后在再选择【创建拓扑】，然后单击右键，在弹出的菜单中选择【全部重置网格 (克隆)】，这样就可以得到对应低面数网格，如图 4-1-122 所示。

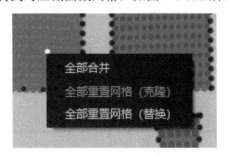

图 4-1-122 重置网格

(4) 选择对应网格导出低模，如图 4-1-123 所示。

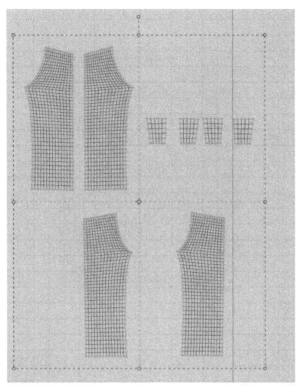

图 4-1-123　导出低模

(5) 将拓扑完成的模型导入 Maya 中，将高模的吸附参考功能激活并选定对象，然后适当修改、优化布线，保持四边面，如图 4-1-124、图 4-1-125 所示。

图 4-1-124　吸附参考开关

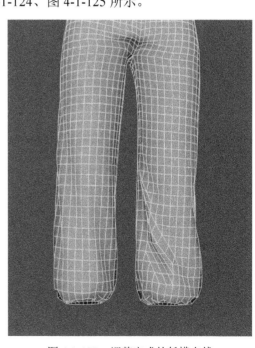

图 4-1-125　调整完成的低模布线

注意：在影视模型中复杂但不需要动画变形的物体拓扑可使用自动拓扑，这样更节约时间。在 ZBrush 中可以结合颜色区域和 ZRemesher 引导线来自动拓扑，如图 4-1-126 所示。

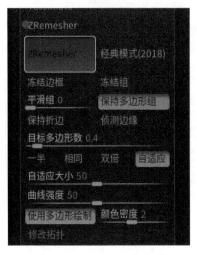

图 4-1-126　自动拓扑设置

(6) 可以删除被遮挡部分的内衣模型并修改其布线，如图 4-1-127 所示。

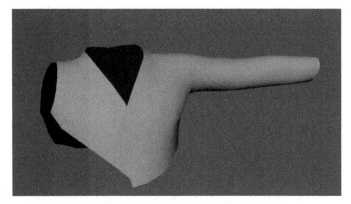

图 4-1-127　删除了被遮挡部分的内衣模型

(7) 完成低模制作后，把低模以 OBJ 格式的文件导出备用。

任务二　材质和渲染

一、烘焙贴图

模型完成后就可以开始制作材质了，但是在那之前要先进行贴图烘焙。烘焙贴图的方法有很多，在多个软件中都可以对贴图进行烘焙。在本书中使用八猴渲染器进行贴图烘焙。烘焙贴图需要两个必备的条件：一是高精度模型；二是和高精度模型匹配的展好 UV 的低模。

1. 低模展平贴图坐标

在前面的制作过程中已经准备好了高模和低模，接下来给低模拆分 UV。注意，在拆分 UV 时不同部分的 UV 要分别打组。把角色低模导入到 RizomUV 中，对各个组件分别进行拆分，如图 4-2-1、图 4-2-2 所示。

低模展 UV

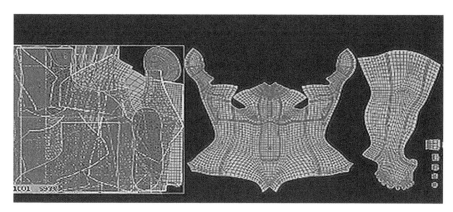

图 4-2-1　自动拆分 UV

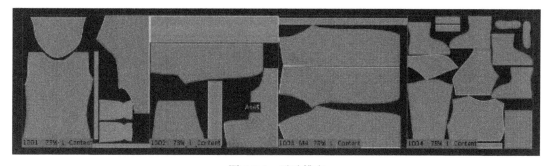

图 4-2-2　手动排布

将拆分好 UV 的低模导入到 Maya 中备用。

2. 贴图的烘焙

在 Maya 中打开拆分好 UV 的低模，导入高模 (如果中间没有操作上的失误，这两个模型是重合在一起的)，分别为高模和低模进行打组。

烘焙贴图

为模型做动画，这个过程是为了在烘焙的时候各模型间有重叠，从而产生不必要的阴影投射。选择所有模型，然后在第 1 帧按下【S】键设置关键帧，再把时间滑块拖动到第 40 帧，选择外衣的高模和低模并将其移动一段距离进行 K 帧 (注意：一定是高模和低模相同的组件一起移动)，再分别制作除角色身体以外的每个组件的移动动画。完成后，选择所有的高模组件并导出 FBX 动画，命名为 "gm"；选择所有的低模组件并导出 FBX 动画，命名为 "jm"。

在 Marmoset Toolbag 软件中加载 "gm" 和 "jm" 模型，然后通过拖动时间滑块可以看到两个模型是有移动动画的。单击形状像面包一样的烘焙按钮，会出现【High】和【Low】两个列表，如图 4-2-3 所示。按住鼠标左键先把 "gm" 拖动到【High】下面，再把 "jm"

拖动到【Low】下面。

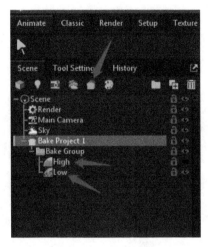

图 4-2-3　烘焙列表

　　在烘焙设置面板中，设置输出路径和名称以及贴图类型，在【Maps】面板下设置烘焙的贴图类型，一般在第 1 帧烘焙 Curvature 和 AO 贴图，然后把时间滑块拖动到第 40 帧，烘焙法线贴图。烘焙选项与设置如图 4-2-4、图 4-2-5 所示。

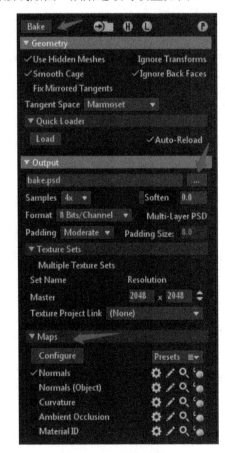

图 4-2-4　烘焙选项

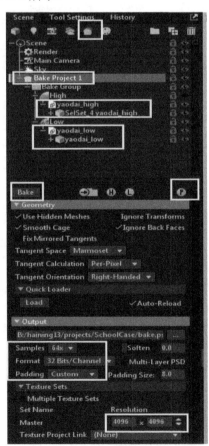

图 4-2-5　烘焙设置

小技巧：在制作低模的过程中，一边制作各部件，一边进行烘焙测试，以便在有问题的地方直接进行改线或加线。

二、制作材质

下面以着长衣的角色为例进行材质制作，具体步骤如下：

(1) 单击【文件】→【新建】→选择模型→调整文件的分辨率→【确定】按钮，如图 4-2-6 所示。

材质制作及
渲染输出

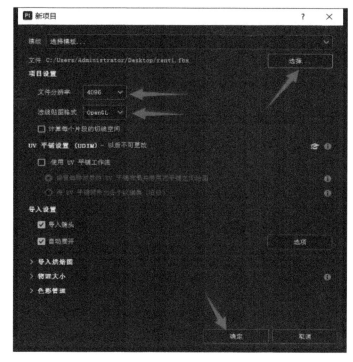

图 4-2-6　将低模导入 SP 软件

(2) 将烘焙好的贴图导入 SP 软件，并加载到对应通道中，如图 4-2-7 所示。

图 4-2-7　加载贴图

(3) 当导入成功后，选择衣服层，添加填充图层，如图 4-2-8 所示。

图 4-2-8　给衣服模型添加填充层

(4) 选择材质模型，单击带有布料纹理的材质球，如图 4-2-9 所示。

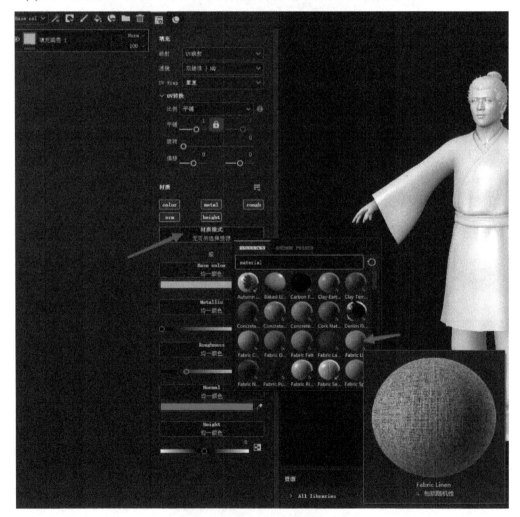

图 4-2-9　使用材质球为衣服添加纹理

(5) 选中材质球后，调整其平铺比例以及颜色，如图 4-2-10 所示。

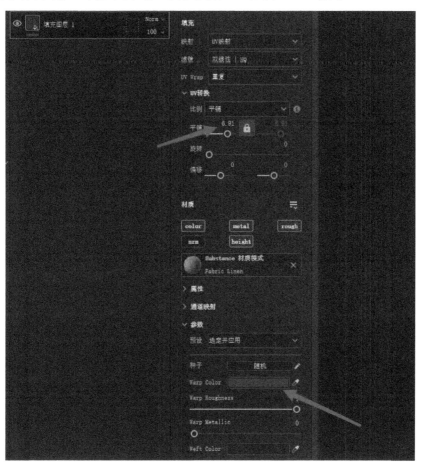

图 4-2-10　调整材质球比例及颜色

(6) 在填充图层上添加黑色遮罩，并选择需要使用材质球的部分，如图 4-2-11、图 4-2-12 所示。

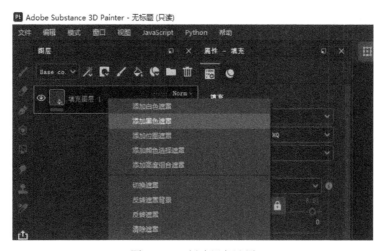

图 4-2-11　创建黑色遮罩

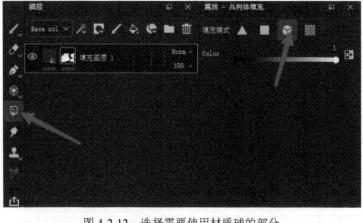

图 4-2-12　选择需要使用材质球的部分

(7) 复制一层图层,然后选择黑色遮罩,并将其他部分的材质用相同的方式也进行填充,如图 4-2-13、图 4-2-14 所示。

图 4-2-13　复制图层并重新添加黑色遮罩

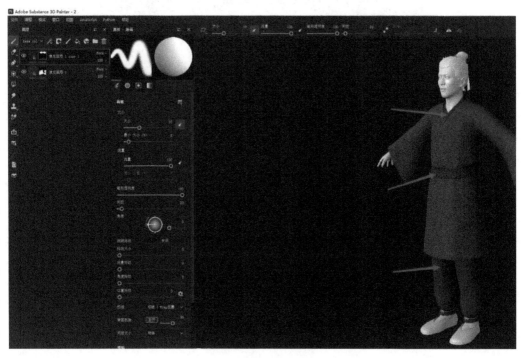

图 4-2-14　选择要调整的模型并进行颜色更改

(8) 新增一个填充图层，然后选择黑色遮罩，并选中剩余部分的材质进行材质制作，如图 4-2-15、图 4-2-16 所示。

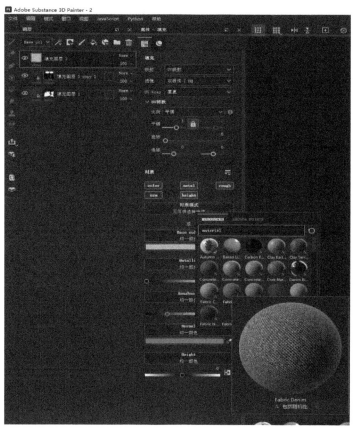

图 4-2-15　鞋子材质设置

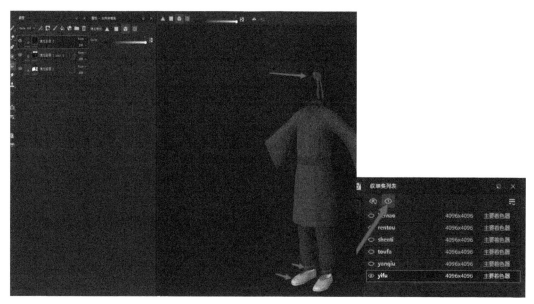

图 4-2-16　选中剩余材质模型

(9) 选中模型后进行颜色修改，并调整其平铺比例，图 4-2-17 所示。

图 4-2-17　调整平铺比例和颜色

(10) 选择黑色遮罩，再选择几何体填充，将滑块调整为黑色，同时取消鞋底的颜色，如图 4-2-18 所示。

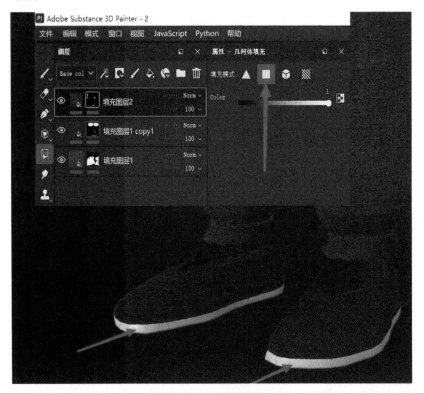

图 4-2-18　取消选区

(11) 新增一个图层，选择鞋底的部分，然后调整颜色，并为其添加黑色遮罩，更改粗糙度，如图 4-2-19 所示。

(12) 制作角色皮肤材质。选中人头的材质层，放入智能材质球，如图 4-2-20 所示。

(13) 将智能材质赋予皮肤后，处理面部细节，如添加唇色等。添加一个绘画层，如图 4-2-21 所示。

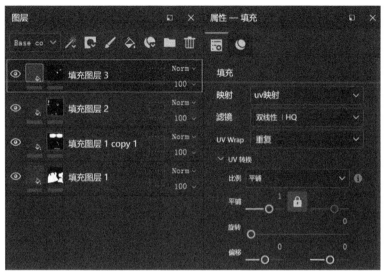

图 4-2-19　更改鞋底颜色并调整粗糙度

图 4-2-20　角色皮肤材质

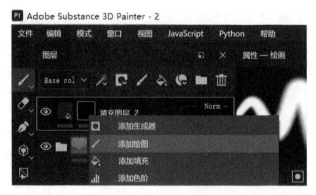

图 4-2-21　添加绘画层

(14) 绘制完成后，调整颜色的不透明度，使其达到自然状态，然后选择滤镜，如图 4-2-22、图 4-2-23 所示。

图 4-2-22　调整不透明度

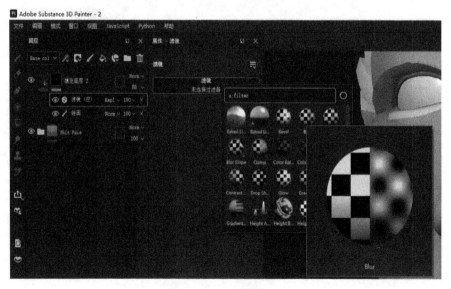

图 4-2-23　选择模糊滤镜

(15) 打开镜像，使用同样的方法进行眉毛的绘制，如图 4-2-24 所示。

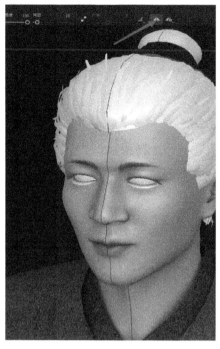

图 4-2-24　绘制眉毛

(16) 睫毛的制作需要用到透明贴图，将增加 OP 通道，如图 4-2-25、图 4-2-26 所示。

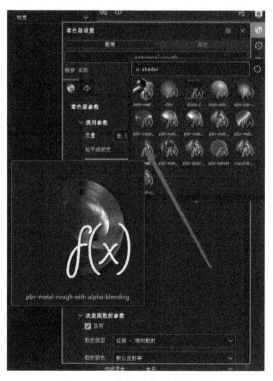

图 4-2-25　首色器变更为半透明

图 4-2-26　增加 OP 通道

(17) 将睫毛 Alph 拖入 OP 通道，并调整其颜色和粗糙度，如图 4-2-27 所示。

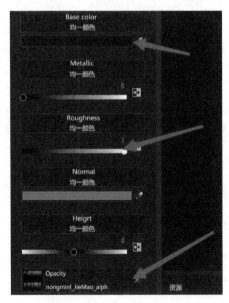

图 4-2-27　将 Alph 拖入

(18) 选择眼球材质图层，将眼球贴图拖入颜色通道，并调整粗糙度，如图 4-2-28 所示。

图 4-2-28　设置眼球材质

(19) 头发的制作和睫毛一样，直接将 Alph 拖入 OP 通道，如图 4-2-29 所示。

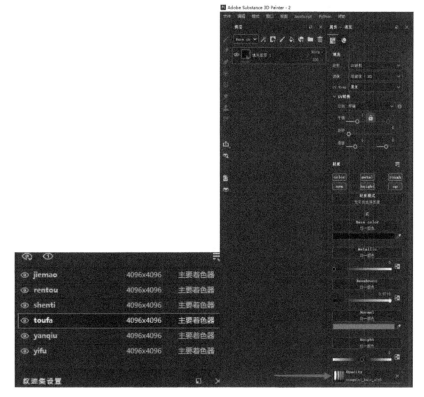

图 4-2-29　将 Alph 拖入 OP 通道

三、渲染输出

在角色的各部分材质设置完成后，使用 SP 进行模型渲染输出，渲染按钮的位置如图 4-2-30 所示。

图 4-2-30　渲染按钮的位置

在渲染设置里勾选【清除颜色】，消除背景，进行三视图渲染，如图 4-2-31 所示。

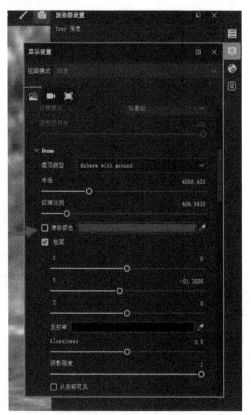

图 4-2-31　消除背景设置

渲染完成后进行保存即可，如图 4-2-32 所示。

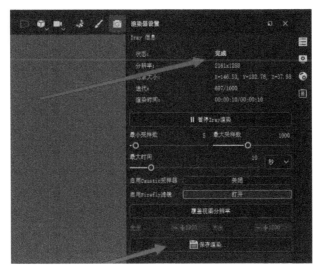

图 4-2-32　保存设置

最终渲染的正视图、侧视图和后视图，如图 4-2-33～图 4-2-35 所示。

图 4-2-33　正视图

图 4-2-34　侧视图

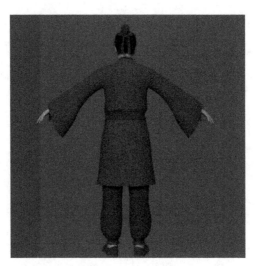

图 4-2-35　后视图

由于篇幅所限，角色制作的过程没有详尽说明，只是提示了关键问题和梳理了大的制作流程，如果初学者对细节步骤不清楚，可以参看本书附带的视频文件。

⚙ 课后拓展

1. 学习反思

通过本模块的学习制作，掌握了哪些技能？有什么感悟？

2. 拓展案例

(1) 根据案例知识点，制作完成角色的长衣模型，如图 4-4 所示。

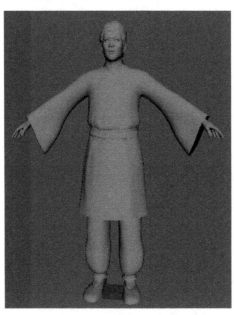

图 4-4　长衣模型参考图

(2) 根据案例知识点，制作完成角色的短衣材质，如图 4-5 所示。

图 4-5　短衣材质参考图

参 考 文 献

[1] 范士喜，程明智. 三维建模经典案例教程 [M]. 北京：清华大学出版社，2016.

[2] 周京来. Maya 三维建模技法从入门到实战：微课视频版 [M]. 北京：清华大学出版社，2021.

[3] 尹欣，韩帆. Maya 基础与游戏建模 [M]. 北京：清华大学出版社，2022.

[4] 李瑞森，杨明，尤丹. 3ds Max 游戏场景设计与制作实例教程 [M]. 2 版. 北京：人民邮电出版社，2017.

[5] 王琦. Maya 2020 基础教材 [M]. 北京：人民邮电出版社，2021.

三维数字模型制作与渲染（微课版）